DELIUS KLASING

PRAXISWISSEN

ANDREW SIMPSON

DIESELMOTOREN

FUNKTION, BETRIEB, WARTUNG

DELIUS KLASING VERLAG

Die englische Originalausgabe mit dem Titel »Diesel Engine Handbook«
erschien 2006 bei The Royal Yachting Association, Southampton.

Bibliografische Information der Deutschen Nationalbibliothek
Die Deutsche Nationalbibliothek verzeichnet diese Publikation in der
Deutschen Nationalbibliografie; detaillierte bibliografische
Daten sind im Internet über http://dnb.dnb.de abrufbar.

5. Auflage
ISBN 978-3-667-10397-0

Aus dem Englischen von Aloys von Hammel
Berater: Nick Eales (Sea Start)
Zeichnungen: Sarah Selman
Umschlaggestaltung: Felix Kempf, www.fx68.de
Druck: DZA Druckerei zu Altenburg GmbH, Altenburg
Printed in Germany 2023

Delius Klasing Verlag, Siekerwall 21, D - 33602 Bielefeld
Tel.: 0521/559-0, Fax: 0521/559-115
E-Mail: info@delius-klasing.de
www.delius-klasing.de

Inhalt

Index zu den Farben in den Abbildungen

Kalte Luft — Warme Luft

Kaltes Seewasser — Warmes Seewasser

Kaltes Frischwasser — Warmes Frischwasser

Dieselkraftstoff

Motoröl

Einleitung

Der Dieselmotor hat seinen Namen von seinem Erfinder Rudolf Diesel, der als Sohn bayrischer Einwanderer 1858 in Paris geboren wurde, in München an der Technischen Hochschule studierte und danach als Ingenieur für Kältetechnik arbeitete. Sein eigentliches Interesse galt aber Motoren. Im August 1893 brachte er den ersten Prototyp eines Kompressionsmotors zum Laufen. Dieser explodierte später und hätte ihn beinahe getötet, aber bereits 1897 konstruierte er einen wirklich erfolgreichen Motor. Das war der erste Schritt einer Entwicklung, die bis heute anhält.

Obgleich das Grundprinzip sich nicht verändert hat, sind moderne Dieselmotoren immer raffinierter geworden. Sie sind leichter, leiser und inzwischen so leistungsfähig, wie man es sich selbst vor einigen Jahren nicht vorstellen konnte.

Für Einbau-Bootsmotoren bei Segelyachten und Arbeitsbooten kommen in der Regel nur Dieselmotoren in Betracht. Das gilt aber auch für viele Motorboote und insbesondere für große Yachten.

Dieselmotoren sind aufgrund ihrer konstruktiven Einfachheit sehr zuverlässig, aber wie alle Motoren sicherlich nicht ohne Fehler. Da viele Aspekte der Seemannschaft sich mit Risikominimierung beschäftigen und mit dem Wissen, was getan werden muss, wenn etwas Unvorhergesehenes passiert, ist es verständlich, dass sich gleiche Überlegungen auch auf Dieselmotoren beziehen. Ein kluger Skipper wartet seinen Motor sorgfältig, um sicherzugehen, dass er zuverlässig arbeitet, und er wird sich gründliche Kenntnisse aneignen, um im Notfall zu wissen, an welcher Schraube er zu drehen hat.

Wenn wir in diesem Buch immer von »dem« Skipper reden und sagen, was »er« tun sollte, ist dies keine Diskriminierung des weiblichen Geschlechts. Frauen leisten bekanntlich an Bord das Gleiche wie Männer.

Das Ziel dieses Buches ist es, ein Grundwissen über die Funktionsweise eines Dieselmotors und der Zusatzaggregate sowie eine Basisanleitung für die Wartung und Fehlersuche zu vermitteln. Hier erfahren Sie etwas, das Sie über die vom Werk gelieferte Betriebsanleitung hinaus wissen sollten.

1 Wie ein Dieselmotor funktioniert

Anders als bei Ottomotoren, bei denen ein Zündfunke die Verbrennung auslöst, basieren Dieselmotoren auf einer »Kompressionszündung«. Dieser Ausdruck beschreibt sehr gut das Prinzip: Wird Luft schnell komprimiert, wird sie extrem heiß. Hat sie etwa 400 °C erreicht, ist sie heiß genug, um eine bestimmte Menge eingespritzten Kraftstoffes zu entzünden. Diese Temperatur wird erreicht, wenn die Luft um das Vierzehnfache ihres ursprünglichen Volumens verdichtet wird. Eine Maschine, die das erreicht, hat ein Verdichtungsverhältnis von 14:1. In der Praxis arbeiten moderne Motoren aber mit einer stärkeren Kompression, üblicherweise zwischen 18:1 und 20:1. Vergleichbare Benzinmotoren haben eine Kompression von lediglich 10:1. Deshalb müssen Dieselmotoren viel stabiler sein, damit sie mit den größeren Belastungen fertig werden.

Ein Dieselmotor braucht nur Luft und Kraftstoff, damit er läuft. Natürlich muss er beim Start mit Strom aus einer Batterie gedreht werden, aber danach läuft er in der Regel ohne Strom. Ausnahmen bilden Dieselmotoren, die elektrisch geregelt werden, und solche, die elektronisch gesteuerte Einspritzdüsen oder ein Common-Rail-System haben (s. Kap. 2.11).

Damit also ein Dieselmotor funktioniert, muss er eine Menge Luft ansaugen, sie schnell komprimieren, damit sie heiß wird, dann etwas Kraftstoff zuführen, der sich in der heißen Luft entzündet und ausdehnt. Dieser Zyklus lautet in Kurzform: Ansaugen, Verdichten, Arbeiten, Ausschieben – im Englischen: suck, squeeze, bang, blow.

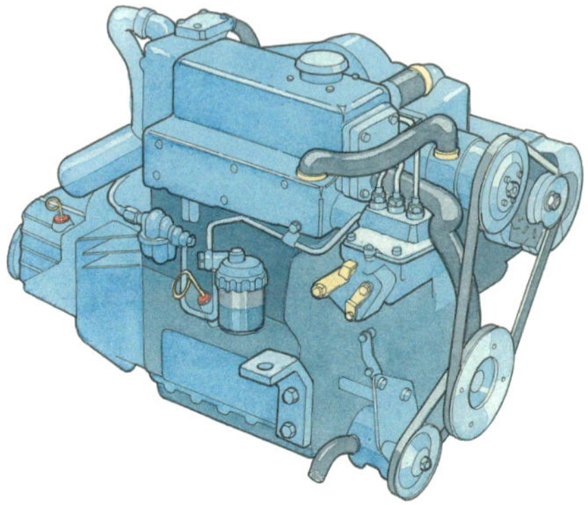

Dreizylinder-Segelyacht-Hilfsmotor

Großer Sechszylindermotor für Motoryachten

1.1 Viertakt-Zyklus

Der Erfinder des Viertakt-Zyklus war Nikolaus August Otto, der in Köln starb, als Rudolf Diesel seinen ersten Motor präsentierte. Gelegentlich hört man die Bezeichnung »Otto-Zyklus«, die meisten sind jedoch vertrauter mit dem »Viertakt-Zyklus«. Jeder Takt bezieht sich auf eine bestimmte Stellung des Kolbens im Zylinder. Dabei kontrolliert ein Ventilpaar die Ein- bzw. Auslassöffnungen für Luft und Abgase. Der Ablauf der einzelnen Aktionen muss sehr genau aufeinander abgestimmt sein.

a) **Ansaugtakt** Hierbei gleitet der Kolben in dem Zylinder nach unten und saugt frische Luft durch die Einlassöffnung von außen an. Die Auslassöffnung ist geschlossen.

b) **Kompressionstakt** Nun bewegt sich der Kolben nach oben. Da beide Öffnungen geschlossen sind, kann die Luft nicht entweichen und wird komprimiert. Dabei wird sie heißer und heißer. Kurz bevor der Kolben seinen obersten Punkt erreicht, wird atomisierter Dieselkraftstoff mit hohem Druck in den Zylinder gesprüht und ...

c) **Arbeitstakt** ... peng! Das Diesel-Luft-Gemisch in dem Zylinder entzündet sich und verbrennt explosionsartig. Die sich ausdehnenden Gase treiben den Kolben mit großer Kraft nach unten. Diese vertikale Bewegung wird durch Pleuelstange und Kurbelwelle in eine drehende umgewandelt, die dann schließlich das Drehen des Propellers bewirkt.

d) **Ausschiebetakt** Das Auslassventil öffnet sich und der Kolben bewegt sich wieder nach oben. Dabei schiebt er die verbrannten Gase in den Auspuff. Hat der Kolben wieder seine obere Lage erreicht, schließt sich das Auslassventil und das Einlassventil öffnet sich. Nun beginnt der Zyklus wieder von vorn.

Viertakt-Zyklus

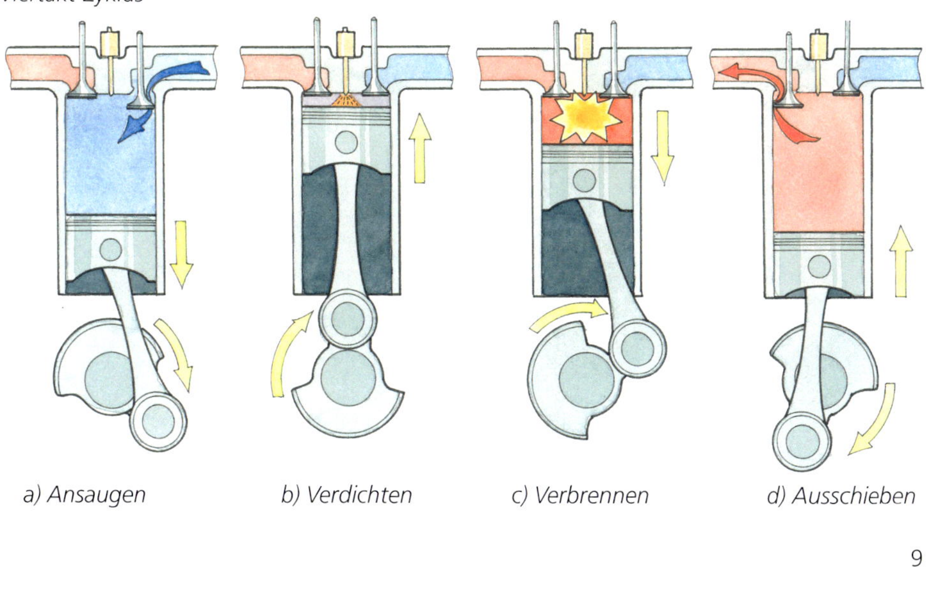

a) Ansaugen *b) Verdichten* *c) Verbrennen* *d) Ausschieben*

1.2 Turbolader

Motoren, die nur beim Ansaugtakt Luft in den Zylinder ziehen, werden als Saugmotoren bezeichnet. Dabei stellen wir uns vor, dass die angesaugte Luftmenge dem Volumen des Zylinders über dem Kolben, dem passend bezeichneten Hubraum, entspricht. In Wirklichkeit gelangt aufgrund von Reibung und anderer Einflüsse weniger Luft in den Zylinder. Wenn wir das zunächst nicht weiter beachten und uns einem Motor mit 1 l Hubraum zuwenden, gehen wir davon aus, dass der Motor insgesamt 1 l Luft ansaugt – auch wenn er mehrere Zylinder hat. Demnach beträgt das Ansaugvolumen jedes einzelnen Zylinders bei einem Zwei-Zylinder-Motor 500 cm^3.

Erreicht man eine optimale Mischung von Luft und Kraftstoff durch erhöhte Luft- und entsprechend höhere Kraftstoffzufuhr, wächst die Energiefreisetzung bei der Verbrennung. Berücksichtigt man diese einfache Beziehung, versteht man sofort, warum normale Saugmotoren von ihrer Kapazität, dem Zylindervolumen abhängig sind. Mit anderen Worten: Je größer der Hubraum, desto mehr Kraft wird entwickelt. Zum Glück gibt es ein Zusatzgerät, mit dem der Motor die Stärke erreicht, für die er konstruktiv ausgelegt ist. Es heißt Turbolader.

Ein Turbolader komprimiert Luft und drückt diese verdichtete Luft in den Zylinder. Anders als beim Saugmotor kann dieser erhöhten Menge Luft eine Extraportion Kraftstoff zugegeben werden, ohne dabei das ideale Mischverhältnis zu kippen. Dadurch erreicht man einen erheblich stärkeren Verbrennungstakt.

Aber für alles muss ein Preis gezahlt werden. Da der Turbolader durch die ausströmenden Auspuffgase angetrieben wird, geht einige Energie durch den größeren Widerstand beim Ausschiebetakt verloren. Das wird jedoch reichlich kompensiert durch den Erhalt der Energie, die beim normalen Saugmotor verloren geht, wenn die Luft beim Ansaugtakt mit viel Aufwand und ohne Hilfe von außen angesogen wird.

Turbolader gibt es nur bei Motoren mit mehreren Zylindern. Sie garantieren einen gleichmäßigen Gasstrom im Auspuff.

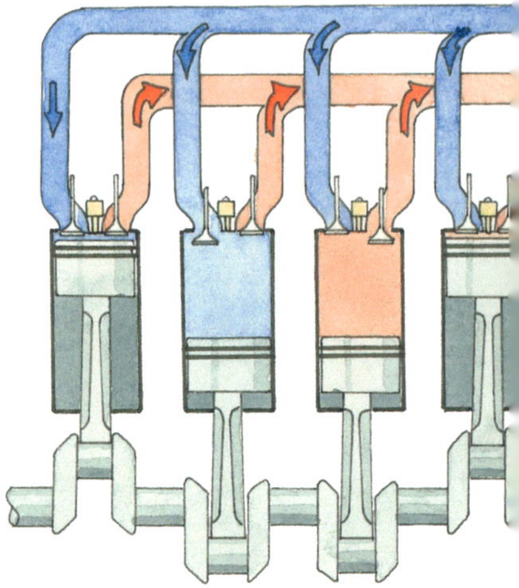

Ein Supercharger oder Vorverdichter macht das Gleiche, wird jedoch anders angetrieben – in der Regel über einen Keilriemen oder eine

Supercharger arbeiten effektiver bei geringen Motorumdrehungen.

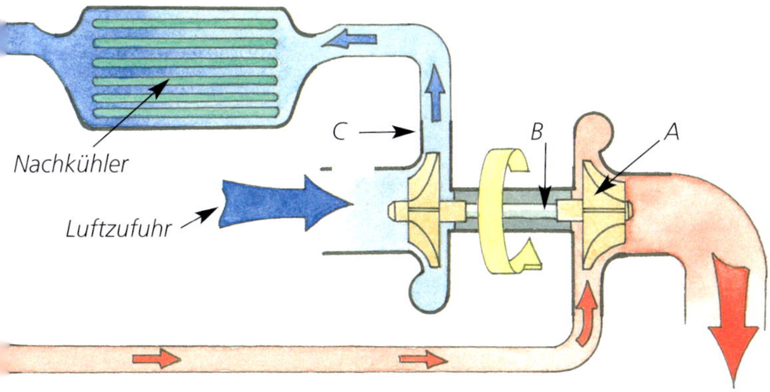

Funktionsschema des Turboladers

Welle. Manche Motoren haben sowohl einen Turbolader als auch einen Supercharger. Dieser Vorverdichter erhöht die Motorleistung bei geringen Umdrehungen. Wenn der Motor jedoch schnell genug dreht, schaltet sich der Turbolader ein und übernimmt das Aufladen.

1.3 Arbeitsweise des Turboladers

a) Die heißen Auspuffgase aus den Zylindern drehen eine Turbine. Danach werden sie um 90° abgelenkt und gelangen in den Auspuffkrümmer, wo sie wie üblich durch eingespritztes Seewasser gekühlt werden. Da die Strömung der Auspuffgase kontinuierlich sein muss, kommen für einen Turbolader nur Motoren mit mehreren Zylindern infrage.

b) Die Turbine ist über eine Welle direkt mit dem Kompressor verbunden. Beide Teile drehen folglich mit gleicher Geschwindigkeit – etwa mit 120 000 U/min. Die Turbine saugt die Luft durch einen Luftfilter an und …

c) … schickt sie mit Druck zu den Einlassventilen, von wo sie durch die Öffnungen in die Zylinder gelangt.

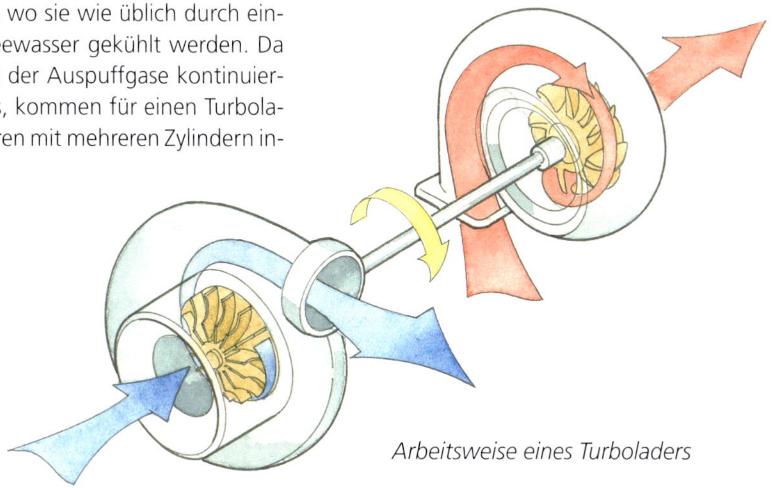

Arbeitsweise eines Turboladers

1.4 Nachkühler oder Zwischenkühler

Es gibt einen weiteren Trick zur Leistungssteigerung eines Motors. Da kalte Luft dichter ist als warme, kann man überlegen, wie man Luft abkühlt, bevor man derart verdichtete Luft in die Zylinder bringt. Das gelingt durch »aftercooling« (Nachkühlung) oder »intercooling« (Zwischenkühlung). Beide Begriffe beinhalten das Gleiche und sind Synonyme für »Ladeluftkühlung«. Dabei wird die Luft, die sich bei der Komprimierung im Turbolader erwärmt hat, auf ihrem Weg zu den Zylindern in einem Wärmetauscher wieder heruntergekühlt. Im Kap. 4.2 wird ausführlich erklärt, wie ein Wärmetauscher funktioniert.

Die Kombination von Turbolader und Nachkühler kann die Leistungsabgabe eines Motors gewaltig in die Höhe treiben. Der Motor einer Segelyacht von 55 PS ist in der Regel ein normaler Saugmotor. Mit einem Turbolader erreicht er 75 PS und mit einem zusätzlichen Nachkühler kräftige 100 PS. Da jedoch die Belastungen der Lager und anderer Komponenten mit jedem PS steigen, haben die Konstrukteure gelernt, dass sie im Interesse von Zuverlässigkeit Kompromisse machen müssen – zwischen dem, was möglich und was praktikabel ist.

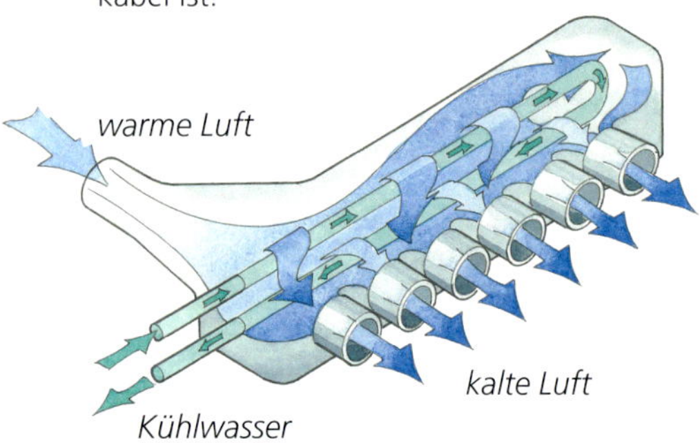

Nachkühler

Zweitakt-Zyklus

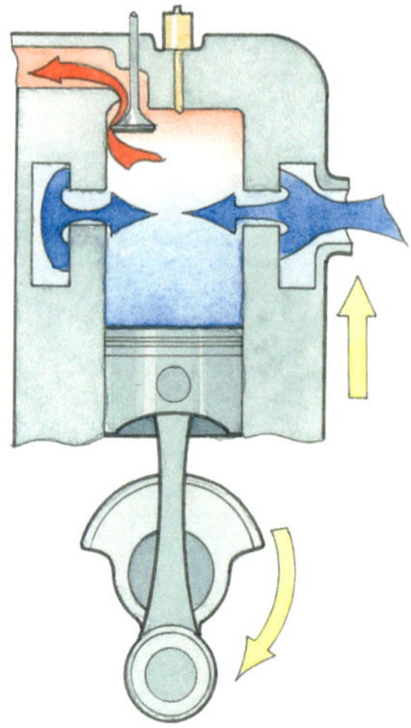

1.5 Zweitakt-Zyklus

Zweitakt-Diesel sind recht seltene »Ungeheuer«. Man hat sie noch nie auf kleinen Segelyachten entdeckt und ganz selten in Freizeit-Motorbooten. Ihr Einsatzgebiet liegt im Bereich riesiger Maschinen, insbesondere bei den Langsamläufern, die Frachtschiffe vorantreiben. In kleinerer Ausführung ist lediglich der Detroit-Diesel ein erwähnenswertes Exemplar, und es gibt sicherlich noch genügend davon, die ihre Dienste tun und somit auch in diesem Buch behandelt werden sollen.

Anders als bei Viertaktern, die nur bei jedem vierten Takt Kraft entwickeln, bringen Zweitakter bei jeder Abwärtsbewegung des Kolbens Leistung. Da sie doppelt so häufig zünden, sind Zweitakter bei vergleichbarer Größe leistungsstärker als Viertakter und – da sie keine Einlassventile haben – mechanisch unkomplizierter. Das deutet auf eine hervorragende Konstruktion hin – und wäre es auch, wenn es gelänge, die Luftverunreinigung zu verringern und den Kraftstoff besser auszunutzen.

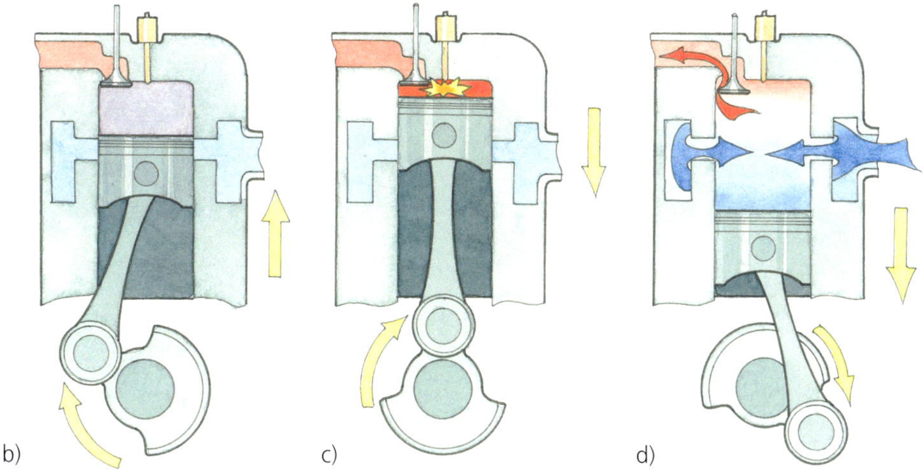

So sieht der Zweitakt-Zyklus aus:

a) **Unterer Totpunkt des Kolbens** Die Beschreibung der Arbeitsweise des Zweitakters beginnt, wenn der Kolben an der untersten Stelle seines Hubes ist. Ein mechanisches Gebläse drückt Luft durch die Einlassöffnungen in den Zylinder. Die dabei verdichtete Luft schiebt die verbrauchte Luft oben durch das offene Auslassventil. Es ist zwar nicht absolut notwendig, dass ein Zweitakter einen Supercharger hat, aber in der Regel ist er damit ausgestattet.

b) **Aufwärts-Takt** Bei der Bewegung des Kolbens nach oben verschließt der Kolben die Einlassöffnungen und das Auslassventil schließt sich. Nun kann die Luft nicht entkommen. Das Volumen der eingeschlossenen Luft wird immer kleiner. Dabei steigt die Temperatur der komprimierten Luft.

c) **Verbrennung** Kurz bevor der Kolben den oberen Totpunkt erreicht, wird atomisierter Kraftstoff in den Zylinder gespritzt, der sich dann entzündet und den Kolben wieder nach unten drückt.

d) **Abwärts-Takt** Wenn der Kolben die Einlassöffnungen wieder freigibt, öffnet sich gleichzeitig das Auslassventil. Nun kann frische Luft in den Zylinder gelangen, die die verbrauchte ersetzt. Diese Reihenfolge wiederholt sich bei jeder Drehung der Kurbelwelle.

1.6 Indirekte Einspritzung

Bisher haben wir uns mit Dieselmotoren beschäftigt, bei denen der Kraftstoff in den oberen Bereich des Zylinders gespritzt wird. Der Fachausdruck dafür heißt »direkte Einspritzung«. Es gibt aber eine andere Methode, bei der eine kleine Vor- oder Wirbelkammer im Zylinderkopf verwendet wird, bekannt als Verbrennungskammer. Der Kraftstoff wird in diese Kammer gespritzt, wo er verbrennt. Die explosionsartig verbrennenden Gase drücken nach unten in den Zylinder und breiten sich aus.

Motoren mit indirekter Einspritzung laufen etwas ruhiger als solche mit direkter Einspritzung. Aus diesem Grund haben sie in der Welt der Kraftfahrzeuge Fuß gefasst. Unglücklicherweise sind sie nicht so leicht zu starten. So wird beim Starten eine hilfreiche Hand gebraucht. Die kommt in Form von Glühkerzen daher. Das sind elektrische Heizelemente, die jede Verbrennungskammer ein paar Sekunden vorwärmen, bevor der Motor angekurbelt wird.

Verbesserungen bei der direkten Einspritzung haben in letzter Zeit die indirekte Einspritzung weniger attraktiv gemacht. Der Popularitätsverlust scheint sich fortzusetzen.

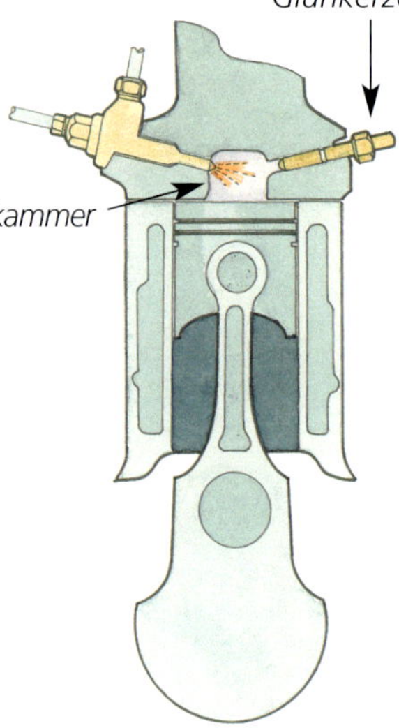

Hat der Motor Glühkerzen, wird indirekt eingespritzt.

2 Kraftstoff

Die Motoren verbrauchen heute Kraftstoff, der aus Rohöl gewonnen wird. Das war nicht immer so. Rudolf Diesel experimentierte mit pulverisiertem Kohlestaub. Davon gab es im Ruhrgebiet, wo er arbeitete, genug. Auf der Weltausstellung 1900 in Paris wurden seine Motoren mit Erdnussöl angetrieben. 1937 wurde eine Initiative, Dieselkraftstoff aus Industriehanf zu produzieren, von der benzinfreundlichen Lobby im US-Kongress über den Haufen geworfen, der in zynischer Form anstrebte, das Projekt zu dämonisieren und es mit Marihuana in Verbindung brachte. Es bleibt jedoch interessant, dass Hanf und andere geeignete Pflanzen in Zukunft zu einer möglichen Ressource für den Energiebedarf werden können.

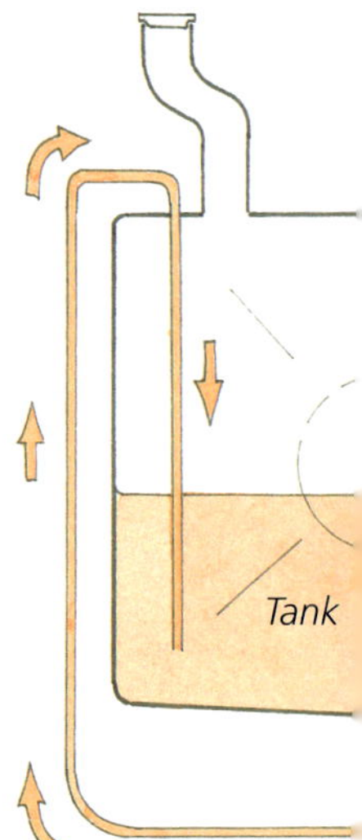

Typisches Kraftstoffsystem. Das Bild zeigt den kontinuierlichen Kraftstofffluss.

2.1 Was ist Dieselkraftstoff?

Dieselkraftstoff ist im Grunde ein Destillat aus Rohöl, das weitere, unterschiedlichste Stoffe enthält. Man braucht nicht viel über die Chemie des Kraftstoffs zu wissen. Vielleicht hat man jedoch schon etwas über die Cetanzahl gehört. Sie ist mit der Oktanzahl bei Benzin zu vergleichen. Der Vergleich funktioniert jedoch nicht 1:1. Die Skalen verlaufen gegensätzlich, d. h. Kraftstoff mit hoher Oktanzahl hat eine niedrige Cetanzahl – und umgekehrt.

Cetan ist ein Hydrokarbonat, das sich bei Kompression leicht entzündet. Reinem Cetan ordnet man einen Entzündungswert von 100 zu. Davon ausgehend wird anderen Kraftstoffen ein entsprechender Wert zugeordnet. Der Cetanwert des Standard-Dieselkraftstoffs an der Tankstelle liegt zwischen 40 und 45. Der mit dem höheren Wert hat die bessere Entzündungsqualität. Die Produzenten ändern häufig die exakte Mischung des Kraftstoffs, um es lokalen und saisonalen Bedingungen anzupassen. Obwohl die Bezeichnung an der Tanksäule die gleiche ist, wird der in den Tropen gekaufte Kraftstoff einen niedrigeren Cetanwert haben als einer, der für harte Winter entwickelt wurde. Solche Veränderungen sind jedoch bezüglich der Qualität irrelevant. Es macht keinen Sinn, nach Kraftstoff mit höherer Cetanzahl zu suchen, solange die Gewissheit besteht, dass der Kraftstoff sich bei Kompression entzündet. Die Zahl sagt nichts aus über die Kraftentwicklung des Kraftstoffes.

2.2 Das Kraftstoffsystem

Typisch für die Kraftstoffversorgung des Dieselmotors ist ein Kreislaufsystem.

Der Kreislauf beginnt beim Tank, in dem der

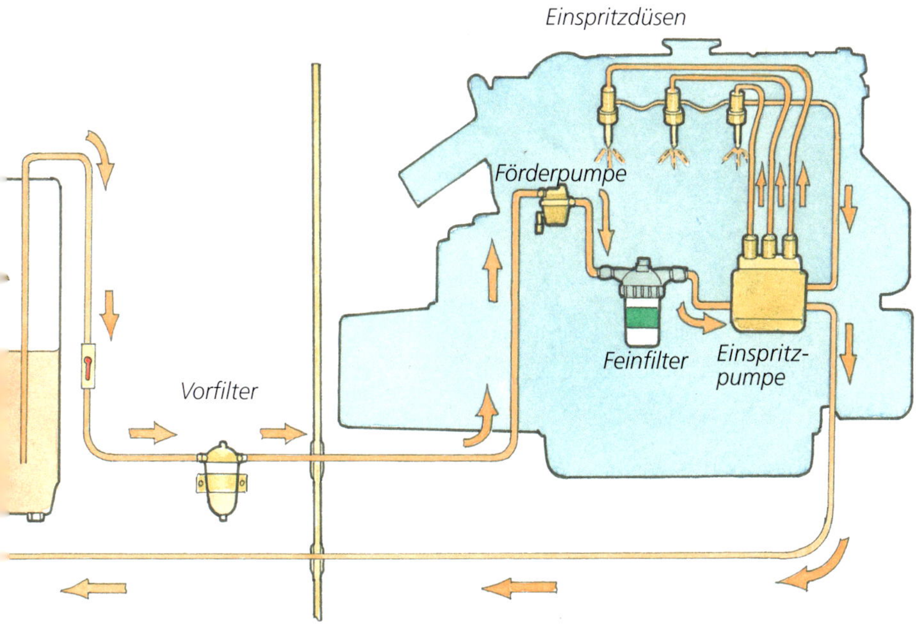

Kraftstoff gebunkert ist und dann von einer Hubpumpe durch einen Vorfilter gezogen wird. Von dort geht es weiter durch einen zusätzlichen Filter, den Feinfilter, zur Einspritzpumpe. Die wird von dem Bedarf des Motors gesteuert und schickt die benötigte Menge Kraftstoff zu jeder Einspritzdüse. Der Rest wird durch die Rücklaufleitung in den Tank zurückgeführt – und bleibt dort, bis er wieder an die Reihe kommt. Wichtig ist, dass der rücklaufende Kraftstoff in den Tank zurückfließt, aus dem er gekommen ist, ansonsten könnte der zweite Tank überfließen.

Die Hubpumpe, der Feinfilter, die Einspritzpumpe und die Einspritzdüsen sind *Motor*teile. Der Tank, das Absperrventil, der Vorfilter und der größte Teil der Kraftstoffleitungen sind *Ausrüstungs*teile und werden vom Bootsbauer oder Techniker angebracht.

Die Teile werden wir im Folgenden näher betrachten.

2.3 Ärger mit Tanks

Tanks gehören zu den Teilen, die, sind sie einmal eingebaut, kaum Beachtung finden – obgleich bei ihnen häufig der Ärger beginnt. Dieselkraftstofftanks sind aus den unterschiedlichsten Materialien hergestellt: Flussstahl, Niro-Stahl, Aluminium, glasfaserverstärkter Kunststoff, gegossenes oder geschweißtes Polyethylen oder mit Buna-N imprägniertes Gewebe, das flexibel ist. Jedes Material hat Vor- und Nachteile.

Das heimtückischste Material ist Flussstahl. Der Tank mag von außen gesund aussehen, kann aber innen bereits stark korrodiert sein. Der Rost entsteht durch Kondenswasser. Man kann lange darüber debattieren, wie er entsteht. Viele argumentieren, dass sich Kondenswasser durch den Temperaturunterschied zwischen Tag und Nacht bildet, oder durch das Sinken des Kraftstoffpegels werde über die Entlüftungsleitung feuchte Luft in den Tank gesogen. Eine Minderheit ist der Meinung, dass der Wasserdampfanteil in einem Tank nie hoch sein kann – nicht einmal in einem leeren – und keinen signifikanten Effekt auslöst. Diese letzte Gruppe sieht den Auslöser eher in dem mit Wasser kontaminierten Kraftstoff – sei es, dass der Kraftstoff von Beginn an kontaminiert war oder er über eine Luftleitung oder einen undichten Tankdeckel Wasser aufgenommen hat. Aus all dem kann eine spannende Diskussion entstehen, die dem Eigner jedoch wenig Trost bringt. Fakt ist, dass Tanks aus Flussstahl vielfach rosten und Rostpartikel sehr schnell den Vorfilter verstopfen. Aber Rost ist nicht die einzige Gefahr.

2.4 Verunreinigter Kraftstoff

Mikrobiologisch kontaminierter Kraftstoff kann ernsthafte Probleme auslösen. Unterschiedlichste Organismen – wie Bakterien, Hefe, Pilze und Algen, sog. »Dieselwanzen« – wachsen in der Mischung von Wasser und Kraftstoff, die sich häufig am Boden der Tanks bildet. Die Organismen gelangen entweder mit bereits kontaminiertem Kraftstoff oder als in der Luft befindliche Sporen über die Entlüftungsleitung oder den Füllstutzen in den Tank. Durch ihr Wachstum, Absterben und biologischen Abbau bilden sie einen schleimigen schwarzen, braunen oder grünen Schlamm, der schnell die Filter verstopft und das ganze System lahmlegt. Der Schlamm ist sehr korrosiv und verursacht bei den Komponenten, mit denen er in Kontakt kommt, ernsthafte Schäden.

Das ist ein großes Problem. Biozide töten die kleinen »Biester«, aber ihre Leichen bleiben, bis sie mit großem Einsatz entfernt werden müssen. Da sie zum Überleben Kraftstoff und Wasser benötigen, ist der beste Schutz, dafür zu sorgen, dass in dem Tank nur wenig oder keine Feuchtigkeit ist. Einige Experten empfehlen, als Präventivmaßnahme dem Kraftstoff beim Tanken routinemäßig ein Biozid-Diesel-Additiv beizugeben. Andere sind der Meinung, man sollte so lange warten, bis die Aktion notwendig wird.

2.5 Der ideale Tank

Die meisten von uns leben mit dem Tank, den die Bootsbauer eingebaut haben. Die einzige Chance, den Tank zu wechseln, hat man in der Regel, wenn der Originaltank zu Bruch geht – übrigens eine entsetzliche Katastrophe, weil dann auslaufender Treibstoff alles verschmutzt. Trotzdem kann es eine günstige Gelegenheit sein, zusätzlich die Installation zu verbessern. Die erste Frage bezieht sich auf das Material. Nirotanks rosten nicht, sie werden aber ausnahmslos aus dünnen Platten hergestellt, die sich biegen und ermüden und somit in der Regel an den Schweißnähten brechen. Ein Tank aus Aluminium leidet eher unter Lochfraß aufgrund von Oxidation. Flexible Tanks vertragen einen gewissen Grad an Verformung, sind aber von Hause aus empfindlich gegen Scheuern. Formgepresste Kunststofftanks aus Polyethylen sind völlig immun gegen Korrosion und werden immer populärer. Damit sie zuverlässig sind, sollten sie ausreichend stabil sein.

Dieseltanks sollten im Idealfall, der nicht immer zu erreichen ist, am tiefsten Punkt einen Dränagesumpf haben. Da Wasser schwerer als Dieselkraftstoff ist, sinkt es zu Boden und sammelt sich im Sumpf. Nun sollte es relativ einfach sein, den Ablasshahn zu öffnen und das in dem Sumpf angesammelte Wasser abzulas-

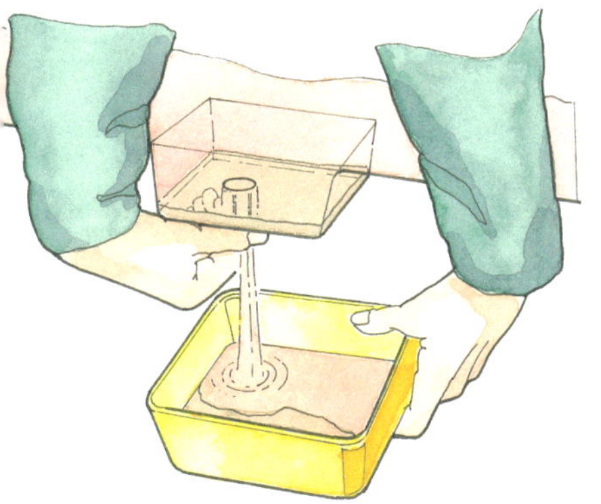

Ein Sumpf mit einer Ablassschraube ist der einfachste Weg, Verunreinigungen im Tank zu entfernen, …

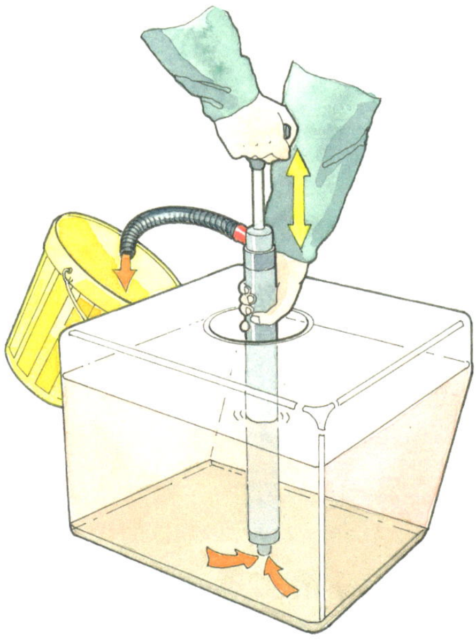

… man kann aber auch eine Handpumpe durch das Inspektionsloch stecken.

sen. Eine Alternative ist, das Wasser über eine vorhandene Inspektionsluke mit einer Pumpe abzusaugen. Sobald in beiden Fällen klarer, reiner Diesel zum Vorschein kommt, weiß man, dass man eine Gefahr beseitigt hat.

Das sich in der abgelassenen Flüssigkeit absetzende Sediment sollte man auf eventuell vorhandene biologische Krankheiten untersuchen. Eine Probe aus der Tanktiefe erzählt eine Menge über den Gesundheitszustand des Kraftstoffsystems.

Eine andere wünschenswerte Einrichtung ist ein Ansaugstutzen in Form eines Tauchrohrs. Damit kann man in Höhe weniger Zentimeter Kraftstoff vom Tankboden absaugen und somit das Risiko von eingeschlossenem Wasser und schwerem Sediment verringern. Dadurch verringert man zwar die Tankkapazität. Es ist aber absolut unvernünftig, den Bodensatz durch das System zu ziehen.

Dünnwandige Tanks sollten intern Prall- und Stützwände haben, nicht nur am Boden, sondern ebenso an den Seiten. Hin- und herschwappender Kraftstoff kann erhebliche Kräfte auslösen. Knicke sind so weit wie möglich zu vermeiden.

Sperrventile müssen außerhalb des Motorraumes angebracht sein, damit sie bei Feuer betätigt werden können. Tankbelüftungen sind – da sie vielfach in dem Verdacht stehen, dass über sie der Kraftstoff mit Wasser kontaminiert wird – so anzubringen, dass sie nicht überschwemmt werden. Alle Kraftstoffleitungen müssen feuerfest sein; flexible müssen folgende Normen erfüllen: SAE J1527 und ISO 7840-MARINE FUEL A2.

2.6 Wasserabscheider

Die erste Waffe gegen kontaminierten Kraftstoff ist die Stelle, wo man den Kraftstoff kauft.

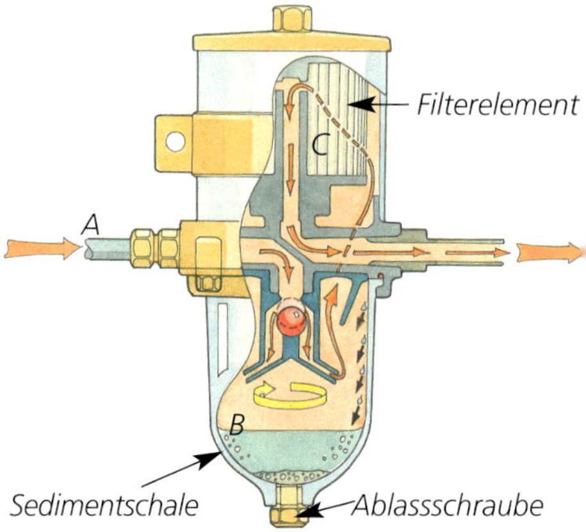

Vorfilter

Die zweite ist der Vorfilter, der Wasser aus dem Kraftstoff abscheiden kann.

Ein typisches Beispiel zeigt die Abbildung oben. Der Kraftstoff kommt durch den Einlass (A) und wird nach unten in eine Schale (B) geleitet. Eine Anordnung von festen Flügeln versetzt den Kraftstoff in Drehung. Dieser Zentrifugaleffekt trennt Wasserpartikel und schwe-

res Sediment und lagert beides am Boden der Schale ab. Der Kraftstoff steigt dann in dem Gehäuse nach oben und wird nach dem Passieren eines Filters (C) zum Motor geleitet.
Die Schale kann aus Glas, Metall oder Kunststoff sein. Transparente Schalen haben den Vorteil, dass man angesammelte Verunreinigungen erkennen kann. Diese können dann über eine Ablassschraube am Boden abgelassen werden. Undurchsichtige Schalen müssen regelmäßig nach einer bestimmten Anzahl von Motorbetriebsstunden entleert werden. Die Bauvorschriften für Yachten sagen, dass Vorfilter mit Glas- oder Kunststoffschalen außerhalb des Motorraumes angebracht sein oder mit einem Hitzeschild aus Metall geschützt werden müssen. Im letzteren Fall wird jedoch die Sichtkontrolle unvermeidlich behindert. Einige Filter haben ein Elektrodenpaar, das einen Warnalarm auslöst, wenn die Kontakte in Wasser eintauchen, das sich angesammelt hat.

2.7 Bypass-Filter

Eine hervorragende Vorsichtsmaßnahme ist ein Filterpaar, das parallel geschaltet ist. Wenn ein Filter verstopft ist, kann der zweite sofort ohne Antriebsverlust seine Arbeit aufnehmen. Wer eine Doppelfilteranlage als übertrieben ansieht, sollte sich vor Augen halten, dass ein makelloses System durch kontaminierten Kraftstoff völlig lahmgelegt werden kann. Das Risiko, dass das passiert, ist in Regionen mit hohem Standard relativ gering, nimmt aber in Gewässern zu, in denen weniger auf Sauberkeit geachtet wird.
Bei einer Bypass-Filteranlage kann man bei laufendem Motor einen Filter reinigen. Vielleicht muss man das mehrmals wiederholen, aber so hat man die Chance, ans Ziel zu kommen. Die zwei Absperrhähne hinter den Filtern sind nicht unbedingt notwendig, sie helfen jedoch, das Eindringen von Luft in das System beim Austausch der Filterelemente zu begrenzen.

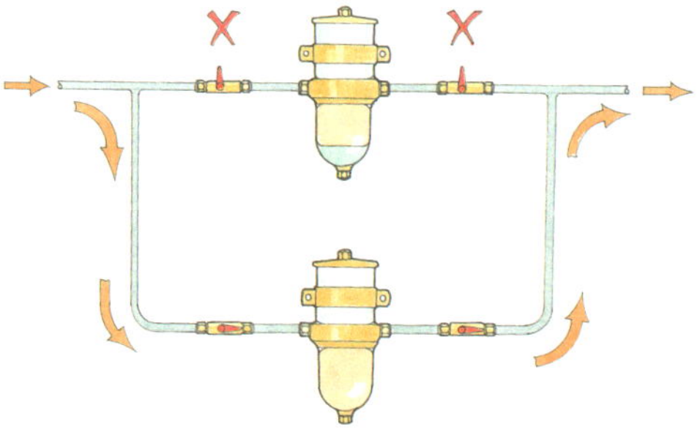

Die Sperrventile hinter den Filtern sind nicht unbedingt notwendig, verhindern aber, dass beim Filterwechsel Kraftstoff ausläuft.

2.8 Kraftstoffpumpe

Die Aufgabe dieses relativ einfachen Ausrüstungsteils ist es, Kraftstoff zur Einspritzpumpe zu befördern. Dabei fördert sie mehr, als verbraucht wird. Die Einspritzpumpe übernimmt nur einen kleinen Teil der angelieferten Menge, der Rest wird zur Schmierung und zum Kühlen des Mechanismus verwendet und dann über eine Rückleitung zum Tank zurückbefördert. Da die angelieferte Menge niemals an eine kritische Grenze kommt, können Kraftstoffpumpen störende Einflüsse wie z. B. Behinderungen durch teilweise verstopfte Filter ausgleichen oder die Ansaughöhe eines tiefgelegten Tanks überbrücken.
Die meisten üblichen Förderpumpen werden direkt vom Motor angetrieben. Ein kleiner, außen angebrachter Handhebel dient dazu, ggf. das System zu entlüften. Früher konnten die Pumpen abgeschraubt und gewartet wer-

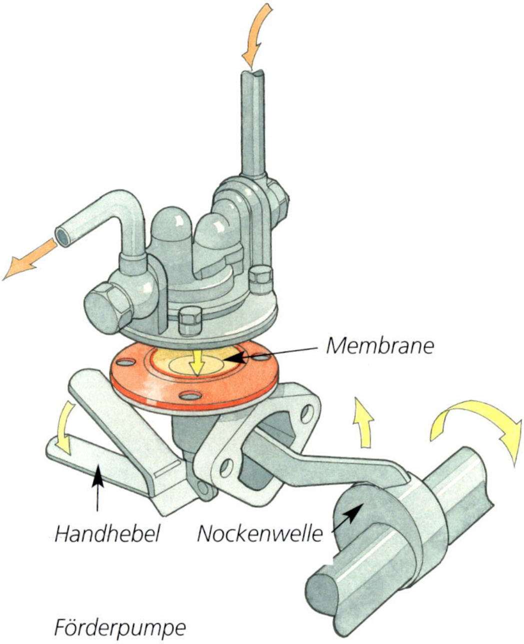

Förderpumpe

den, heute werden sie nur noch komplett ausgetauscht. Darüber braucht man sich jedoch keine Gedanken zu machen, denn Förderpumpen sind zuverlässig und langlebig. Es ist nicht ungewöhnlich, dass sie Tausende von Betriebsstunden funktionieren.

2.9 Feinfilter

Der Feinfilter ist die letzte Chance, um für Sauberkeit zu sorgen. Danach kommt der Kraftstoff zum teuersten Einzelteil des Motors – der Einspritzpumpe, in der das kleinste Sandkorn folgenschwere Schäden verursachen kann.
Filter werden nach den Partikelgrößen, die sie durchlassen, unterschieden. Die übliche Maßeinheit für die Partikelgröße ist ein Mikrometer, also ein Millionstel Teil eines Meters. Sie stimmen zu: Das ist in der Tat nicht viel. Ein typischer Vorfilter hat 10 bis 50 Mikrometer, aber ein Feinfilter nur noch 2 bis 10 Mikrometer.
An dieser Stelle sollten wir ein kurzes Loblied auf das Zweistufen-Filtersystem anstimmen. Dieselkraftstoff enthält Teerpartikel, sog. Asphaltene. Sie sind klein, weich und biegsam, sie bilden beim Einspritzprozess keine ernsthafte Gefahr, sie neigen jedoch dazu, das Gewebe des ersten Filterelements zu verkleben. Wenn das der Vorfilter ist, ist der nachfolgende Feinfilter davon weniger betroffen. Aus dem Vorfilter lässt sich dann das, was hängen geblieben ist, leicht entfernen.
Trotzdem verstopfen – egal wie der Kraftstoff zu sein scheint – die immer vorhandenen Asphaltene die Filter. Sie sind der beste Grund, regelmäßig die Filter zu wechseln.

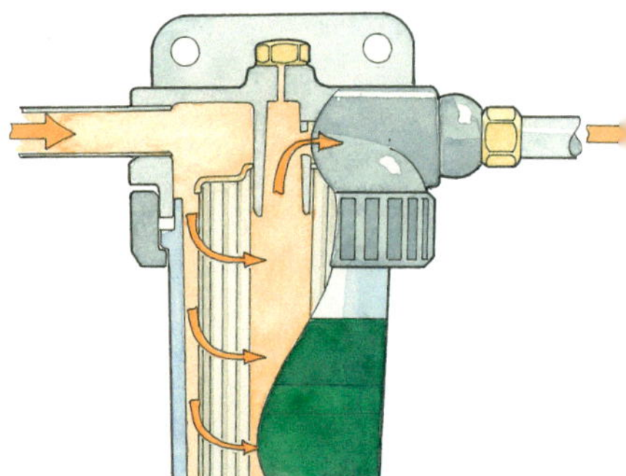

Feinfilter

2.10 Die Einspritzung

Die Rolle der Einspritzpumpe ist entscheidend für einen runden Lauf des Dieselmotors. Das ist leicht einzusehen, denn sie erfüllt einen extrem anspruchsvollen Job. Nach der Anlieferung des Kraftstoffs durch die Förderpumpe muss sie eine präzis abgemessene Menge Kraftstoff zum rechten Zeitpunkt und mit hohem Druck zu jeder Einspritzdüse liefern – und das immer und immer wieder.

Einige Fakten können jeglichen Zweifel an der präzisen Arbeitsweise der Pumpe ausräumen. Einen Bruchteil vor dem Ende eines jeden Verdichtungstaktes muss eine winzige Menge Kraftstoff (etwa 0,00002 Liter oder gerade 20 Millionstel Liter) exakt innerhalb von 60 Millionstel einer Sekunde in den Zylinder gespritzt werden. Die Dauer der Einspritzung wird präzise kontrolliert und jeder Zylinder bekommt die gleiche Menge bei der gleichen Stellung des Kolbens.

Bei derartiger Präzision dieses mechanischen Wunderwerks sollten sich nur erfahrene Spezialisten an das Innere wagen. Da man selbst an dem Gerät nicht herumfummeln sollte, ist es somit nicht wichtig zu wissen, wie es exakt funktioniert. Vielleicht ist es aber hilfreich, eine gewisse Vorstellung von der Arbeitsweise zu haben. Jede Einspritzpumpe hat Kolben, die den Druck erzeugen und den Kraftstoff über die Zuleitungen zu den Einspritzdüsen drücken. Es gibt drei unterschiedliche Methoden dafür: zwei mechanische und eine elektrische – alle in unterschiedlichen Ausführungen.

Der erste Typ ist bekannt als Reiheneinspritzpumpe. Diese hat einen Kolben für jeden Zylinder. Jeder Kolben arbeitet bei jeder Umdrehung der Kurbelwelle. Das nächste ist eine Axialkolbenverteilerpumpe, die einen einzigen Kolben und einen Mechanismus hat, der bei jeder Drehung den Kraftstoff zu den einzelnen Zylindern leitet. Bei einem Vierzylindermotor bspw. arbeitet der Zylinder bei jeder Kurbelwellendrehung viermal.

Schließlich gibt es elektromechanische Einspritzdüsen mit Magneten, die die Düsennadeln anheben.

Es ist überflüssig zu sagen, dass die Magnete über Computer gesteuert werden, die den Zeitpunkt und die Kraftstoffmenge regulieren. Mechanische Pumpen werden direkt über Zahnräder des Motors gesteuert, und die Änderungen bezüglich Kraftstoffverbrauchs werden durch den Überlauf des überflüssigen Kraftstoffs in die Rückleitung zum Tank geregelt.

Die Einspritzpumpe hat einen Verstellhebel. Am Verstellhebel ist der Steuerzug vom Fahrstand befestigt. Hier wird »Gas gegeben«. Dieses Wort stammt eigentlich von Benzinmotoren und ist somit technisch nicht korrekt. Benzinmotoren haben Vergaser, die die Luftzufuhr drosseln, um die Menge des Kraftstoff-Luft-Gemisches, das in die Zylinder geleitet wird, zu erhöhen bzw. zu verringern. Im Gegensatz dazu wird bei einem Dieselmotor die Luftzufuhr nicht gedrosselt. Da nur die Kraftstoffmenge, die in die Zylinder kommt, variiert wird und der Dieselkraftstoff von Hause aus Luft enthält, ändert sich automatisch das Kraftstoff-Luft-Verhältnis. Anders ausgedrückt: Benzinmotoren laufen mit ständig konstantem Benzin-Luft-Gemisch, wobei Dieselmotoren mehr Luft haben als notwendig. Das ist einer der Hauptgründe, warum Dieselmotoren kraftstoffeffizienter sind.

Intern ist der Verstellhebel mit einem Regler verbunden – in der Regel ein Fliehkraftregler –, der dafür sorgt, dass die Bootsgeschwindigkeit bei unterschiedlichen Einstellungen konstant bleibt. Wenn man bspw. Gegenwind hat, wird der Motor stärker belastet und langsamer. Der Regler spürt die Abnahme der Umdrehungen und dass die Drehzahl in den gewünschten Grenzen bleibt.

Bei einigen Motoren – wie z. B. bei Volvo-Penta-Dieselmotoren der Serie D9 – ist der

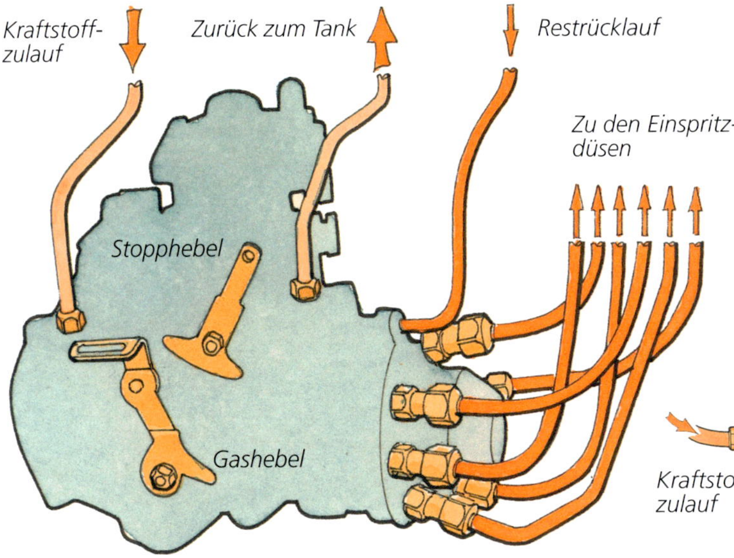

Axialkolbeneinspritzpumpe

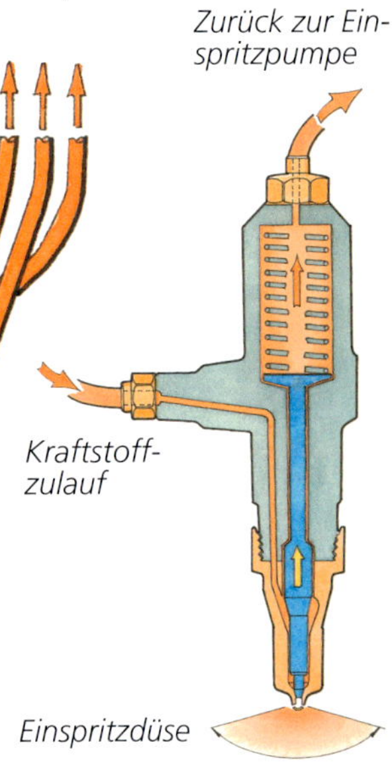

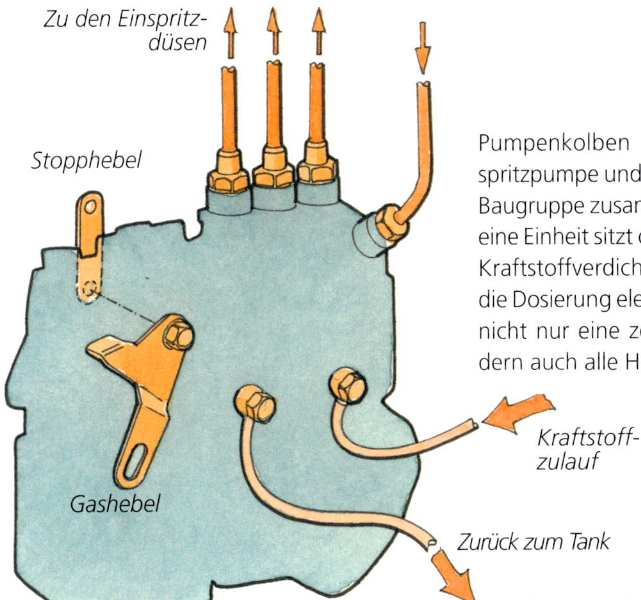

Reiheneinspritzpumpe

Pumpenkolben in einem Unit Injector (Einspritzpumpe und Einspritzdüse werden in einer Baugruppe zusammengefasst) integriert. Solch eine Einheit sitzt direkt über jedem Zylinder. Die Kraftstoffverdichtung geschieht mechanisch, die Dosierung elektronisch. Dadurch spart man nicht nur eine zentrale Einspritzpumpe, sondern auch alle Hochdruckleitungen.

2.11 Common-Rail-System

Diese relativ neue Technologie hat bei Straßenfahrzeugen schnell Fuß gefasst und beginnt nun, sich bei Bootsmotoren durchzusetzen. Motoren mit Common-Rail-Technik verbrennen sauberer, laufen ruhiger und sind kraftstoffeffizienter als konventionelle Motoren. Der Nachteil ist, dass sie von Elektronik abhängig sind. Ein Einspritzsystem mit Common-Rail-Technik setzt den Kraftstoff über eine Hochdruckpumpe unter hohen Druck und staut ihn in einem gemeinsamen Verteilungsrohr, der sog. »common rail«. Von dort wird er zu den einzelnen, elektronisch geregelten Einspritzdüsen geliefert. Die spritzen den Kraftstoff als feinsten Nebel in geregelten Portionen nacheinander in jeden Zylinder – manchmal sogar in jeweils extrem kurzen Intervallen hintereinander. Dafür zuständig ist das Motorsteuergerät.

Es sammelt Daten wie Ladeluftdruck und -temperatur, Kühlmittel- und Kraftstofftemperatur, Kurbel- und Nockenwellendrehzahl, Raildruck und Abgastemperatur und verarbeitet diese Signale, um den Leerlauf, die Laufruhe, die Kraftstoffmenge, den Kraftstoffdruck u.v.m. zu regeln. Dadurch erhöht sich die Effektivität des Motors, d. h. weniger Verbrauch, bessere Ausnutzung und weniger schädliche Abgase.

Das klingt, als müsse der Motor grundsätzlich von einem Fachmann gewartet werden. Dem

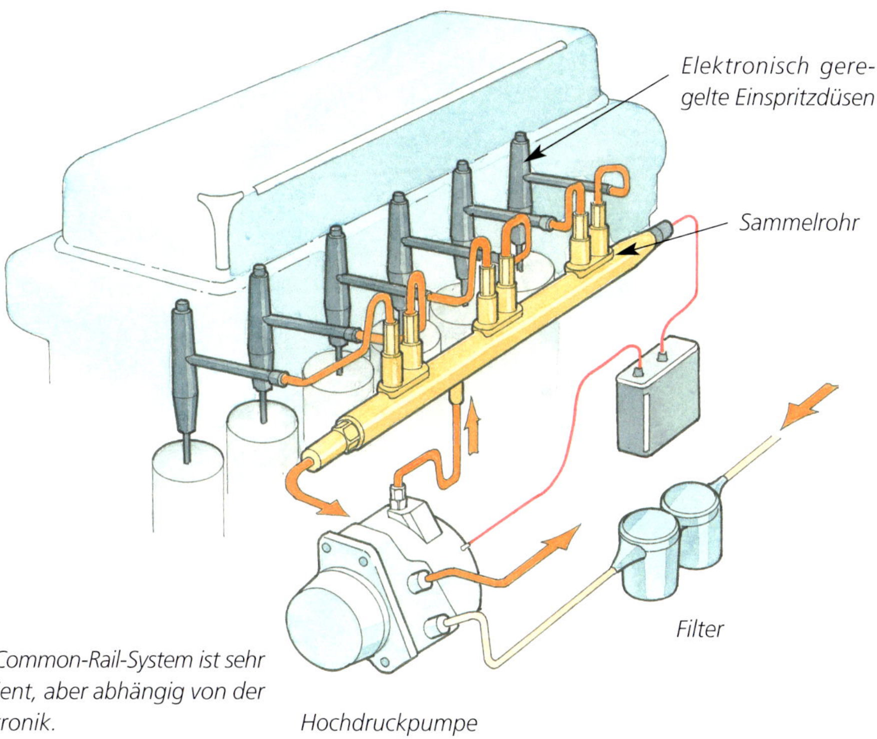

Das Common-Rail-System ist sehr effizient, aber abhängig von der Elektronik.

ist nicht so. Alle Wartungsarbeiten wie Luft-, Kraftstoff-, Kraftstoffvorfilter sowie Motoröl und Motorölfilter wechseln und Antriebsriemen nachspannen etc. können selbst ausgeführt werden. Das ist nicht anders als bei den herkömmlichen Motoren.
Motoren mit Common-Rail-Technik (z. B. bei Volvo Penta von 96–310 PS/130–228 kW) haben neben den ökonomischen Vorteilen auch den, dass sie leicht entlüftet werden können, wenn der Tank leergefahren bzw. der Kraftstofffilter gewechselt wurde. An dem Kraftstofffiltergehäuse sitzten eine leicht zugängliche Handpumpe und eine Entlüftungsschraube. Die restliche Luft wird über die Druckpumpe in den Tank zurückgeführt.
Selbstständige Arbeiten wie Austausch der Ventile, der Kolbenringe oder Einstellung der Zündung an derartigen Motoren sind nicht möglich, denn dazu braucht man ein spezielles elektronisches Messgerät.

3 Das Luftsystem

Wie wir bereits auf den ersten Seiten dieses Buches erfahren haben, ist Luft der zweitwichtigste Stoff beim Verbrennungsprozess aller Dieselmotoren. Einem Motor die Luft abzudrehen, ist ebenso schlecht, wie den Tankhahn zu schließen. Das ergibt überhaupt keinen Sinn, es sei denn, man hat genug davon.
Es ist allgemein nicht bekannt, wie viel Luft benötigt wird. Ein Viertakt-Dieselmotor ist von Grund auf eine Luftpumpe mit einem zusätzlichen Verbrennungszyklus. Wenn man sich vorstellt, dass ein normaler Saugmotor von – sagen wir mal – 1 l Hubraum bei jedem Umlauf einen Liter Luft braucht, saugt er bei 3000 U/min 3000 l oder 3 m^3 Luft in sich hinein. Die besten Anstrengungen der Ingenieure zur Belüftung des Motors werden zunichte gemacht, wenn die Luftzufuhr behindert wird. Die Effektivität eines Dieselmotors, Luft anzusaugen, wird durch den »volumetrischen Wirkungsgrad« bestimmt. Das ist das Verhältnis (in %) zwischen dem Hubraum und der tatsächlich angesaugten Luftmenge. Bei einem volumetrischen Wirkungsgrad von 80 % saugt unser 1-Liter-Motor 2400 Liter Luft pro Minute an. Das ist eine Menge! Motoren mit Turbolader sind noch gieriger. Ein großer Yachtdiesel kann bei Marschfahrt in jeder Minute die Luftmenge eines mittelgroßen Raumes verbrauchen.
Obgleich uns bewusst ist, was der Motor für uns leistet, achten wir unglücklicherweise kaum auf sein Aussehen und hassen seinen

Lärm und den öligen Geruch. Das führt zu der Tendenz, ihn tief im Boot in einem isolierten Verschlag einzusperren – geschmackvoll versteckt wegen unserer Empfindlichkeit und Anfälligkeit. Das führt nicht zu Situationen, in denen sie gedeihen. Es geht über das Anliegen dieses Buches hinaus, zu beschreiben, wie der Motorraum belüftet sein sollte. Es reicht zu sagen, dass, wenn man seinen Motor liebt, man dafür sorgen sollte, dass er ausreichend atmen kann.

3.1 Luftfilter

Motoren an Land müssen mit allen Luftverunreinigungen klarkommen, Bootsmotoren leben in relativ staubfreier Umgebung. Das bedeutet jedoch nicht, dass sie bedenkenlos kleine Schmirgelteile inhalieren dürfen. Diese können starke mechanische Schäden verursachen.

Luftfilter für Dieselmotoren gibt es als Siebe, aus Schaum, Papier oder Baumwollwatte. Einige Filter sind Einwegartikel, andere können ausgewaschen und immer wieder verwendet werden. Im Betriebshandbuch findet man Hinweise auf den entsprechenden Typ.

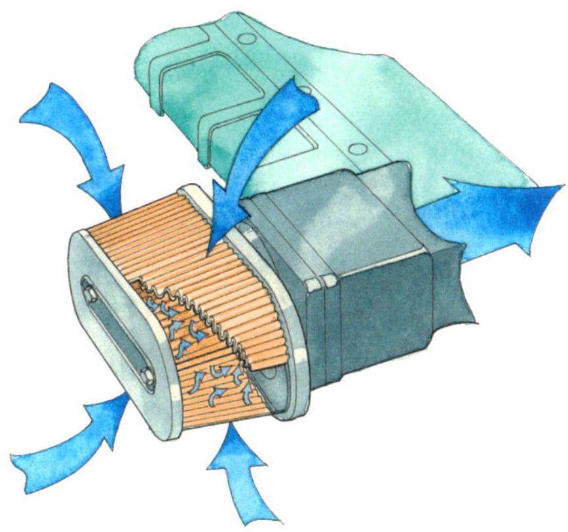

Luftfilter

Die Luftmenge, die ein großer Motor braucht, wird häufig unterschätzt.

3.2 Auspuff

Nach dem Ansaugen, dem Mischen mit Kraftstoff und der bis zur Zündung ausreichend starken Komprimierung muss man die verbrauchte Luft für den nächsten Zyklus loswerden. Da die Abgase zum einen heiß (etwa 450 °C) und zum anderen grundsätzlich unerwünscht sind, muss man sorgfältig mit ihnen umgehen. Außerdem gibt es eine Besonderheit im Arbeitsablauf. Dieselmotoren neigen zu einem Auspuffgegendruck, der bei sparsam ausgelegten Motoren ernsthafte Konsequenzen nach sich ziehen kann, zum Beispiel, dass er an Leistung verliert.

Die Abbildungen unten zeigen zwei typische Auspuffanordnungen. Bei dem einen Motor liegt das Abgassammelrohr oberhalb der Wasserlinie, bei dem anderen darunter. Sobald die

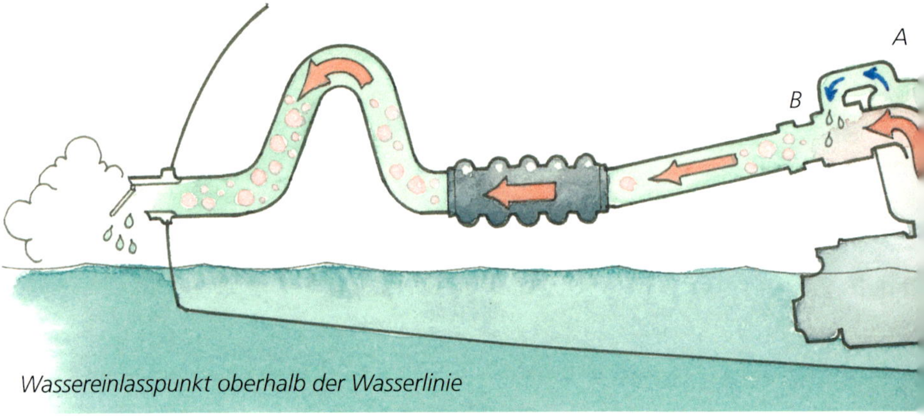

Wassereinlasspunkt oberhalb der Wasserlinie

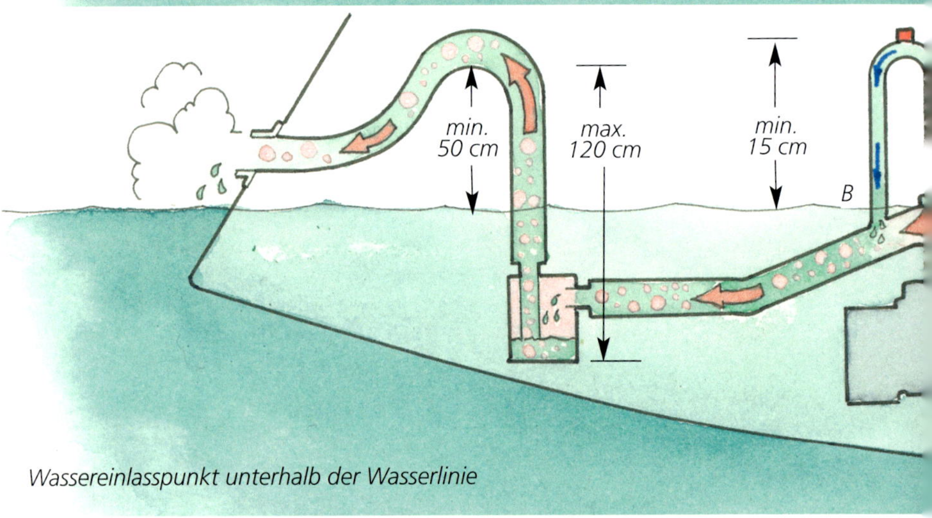

Wassereinlasspunkt unterhalb der Wasserlinie

Abgase den Abgassammler verlassen, gelangen sie in den Auspuffkrümmer oder werden nach oben geführt, wo sie am Einspritzpunkt auf das Seewasser treffen, das zuvor den Motor gekühlt hat. Liegt der Motor nahe an oder unter der Wasserlinie, muss ein Ansaugbrecher in Form eines Siphons, bei dem der höchste Krümmungspunkt über der Wasserlinie liegen muss, oberhalb des Einspritzpunktes eingebaut werden, damit das Wasser nicht zurück in den Motor laufen kann – wo es große Schäden verursachen würde. Der Siphon wird entweder über ein Vakuumventil, das jährlich kontrolliert werden muss, oder eine dünne Rohrleitung, die vielfach außenbords geleitet wird, entlüftet. Aus dieser Rohrleitung tritt bei laufendem Motor ein kontinuierlich strömender Wasserstrahl aus.

Sobald sich die Abgase mit dem Kühlwasser mischen, kühlen sie rasant schnell ab, reduzieren ihr Volumen und dämpfen teilweise den Auspuffknall. Von hier ab ist die Abgas-Wasser-Mischung kühl genug und kann von nicht-hitzebeständigem Material weitergeleitet werden. Der Auspuffschlauch ist in der Regel aus Gummi mit einer eingelegten Stahlspirale, der Wassersammler aus GFK oder Plastik. Man sollte bedenken, dass die Sicherheit dieser Komponenten absolut abhängig von der beigemischten Wassermenge ist.

Wenn ungekühlte Abgase durch sie hindurchfließen, werden sie geschmolzen oder versengt. Dadurch können schädliche Chemikalien ins Bootsinnere gelangen. Da Dieselkraftstoff mit einem Überschuss an Sauerstoff verbrennt, enthalten die Auspuffgase eine kleine, aber tödliche Menge von Kohlenmonoxid – eine Tatsache, die jedermann abschrecken sollte, von diesem Stoff etwas einzuatmen.

Hinweis:
Bei der geringsten Unterbrechung des Wasseraustritts am Auspuff sollte die Auspuffleitung auf Schäden untersucht werden.

3.3 Schwanenhals

In die Führung des Seewassersystems sind einfache Schleifen eingebaut, die das Wasser oberhalb der Wasserlinie führen. Bei einem indirekt gekühlten Motor ist die Schleife in der Regel zwischen der Pumpe und dem Wärmetauscher oder – wie auf der vorigen Seite zu sehen ist – zwischen dem Wärmetauscher und dem Einspritzpunkt des Abgassammlers. Da in beiden Fällen die Schleife in dem heißen Teil des Systems liegt, muss der Auspuffschlauch aus hitzebeständigem Material sein.

Um beim Abstellen des Motors den Siphon zu entlüften, hat er an der höchsten Stelle entweder ein Vakuumventil oder eine dünne Rohrleitung, die durch die Bordwand nach außen oder ins Cockpit führt. Diese sollte mindestens 150 mm über der berechneten Wasserlinie liegen und bei Segelyachten so zentral wie möglich angebracht sein, um den Krängungseffekt auszugleichen.

Man sollte sorgfältig darauf achten, dass die Ventile oder Luftleitungen frei von Salzkristallen sind. Wenn die Ventile verstopfen, bleibt der Siphon zwar intakt, aber der Rücklaufschutz ist dahin.

3.4 Schalldämpfer und Wassersammler

Dieses Teil hat zwei Funktionen: Es dämpft den Schall um nahezu 50 % und dient als Reservoir für die Wassermenge, die sich beim Ab-

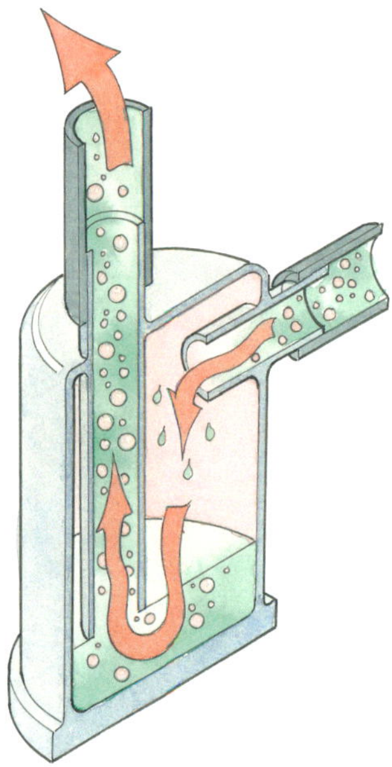

Ein Wassersammler vom Typ Hubdruck wirkt auch als Schalldämpfer und muss ausreichend Kapazität für rücklaufendes Wasser haben.

Wassersammler aus Plastik

stellen des Motors in dem Auspuffschlauch befindet. Bei laufendem Motor besteht das Wasser-Gas-Gemisch zu 85 % aus Gas und zu 15 % aus Wasser. Aus diesem Grund muss der Wassersammler mindestens 15 % der Wassermenge, die beim Abstellen aus dem Auspuffschlauch in ihn zurückfließen, aufnehmen können.

Wie bereits erwähnt, bestehen Wassersammler bzw. Schalldämpfer meist aus Plastik oder GFK. Beide sollten mit Nirostahl verstärkt sein. Wassersammler aus Plastik oder GFK sind immun gegen Korrosion, werden aber bei trockenlaufender Maschine stark beschädigt – bei einem Wassersammler aus Plastik geschieht das in Sekunden. Auf der anderen Seite sind Wassersammler aus Nirostahl sehr hitzebeständig, die Schweißnähte aber neigen zu Korrosion. Hier muss man sich entscheiden.

3.5 Abgastemperatur-Überwachung

Wenn man sich vorstellt, welch fatale Folgen ein Riss im Wassersammler auslösen kann, lohnt es sich, Vorsichtsmaßnahmen zu ergreifen. Eine Auspuffwarnanlage einzubauen, ist einfach und recht preiswert. Nicht jeder weiß, dass das Wassertemperatur-Alarmsystem nur funktioniert, wenn die Sensoren unter Wasser sind. Wenn plötzlich vom Motorblock kein Wasser mehr kommt, würde man nichts erfahren, bis der Motor ernsthaft beschädigt oder sogar völlig zerstört ist. Das allein ist ein ausreichender Grund, einen Temperatur-Wächter am Auspuffschlauch anzubringen.

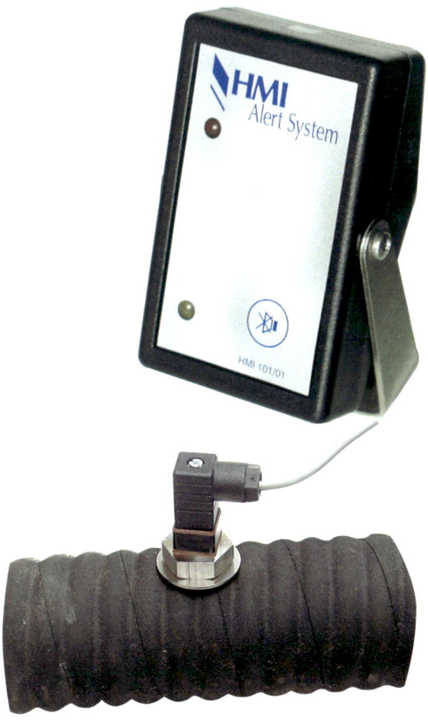

Ein typischer Abgastemperatur-Geber. Über die Überwachung im Auspuffrohr wird ein Alarm ausgelöst, wenn die Temperatur einen bestimmten Wert übersteigt.

4 Motorkühlung

Wenn man sich die Konsequenzen aus den Explosionen in dem knapp bemessenen Verbrennungsraum und die Reibungen von Hunderten von Komponenten in kürzester Zeit vorstellt, kann es keine Überraschung sein, wenn bestimmte Teile recht heiß werden. Wenn man nichts dagegen unternimmt, gerät die Temperatur schnell außer Kontrolle. Sie wird die Hitzeverträglichkeit der jeweils verwendeten Materialien übersteigen, einen mechanischen Kollaps und am Ende einen Brand auslösen. Die Hitze ist somit einerseits unser Freund und andererseits ein unerbittlicher Feind. Sie ist eine wesentliche Komponente der erwünschten Kraftentwicklung; deren Neigung zu Ausbrüchen man jedoch so schnell wie möglich in den Griff bekommen muss.

Bei der Seefahrt hat man das Glück, ungehinderten Zugang zu einem hinreichend effektiven Kühlmittel zu haben – zum Seewasser. Das Einzige, was zu tun ist, ist, es sinnvoll zu nutzen. Dann sind alle Sorgen wie weggefegt. Die heißesten Teile des Motors sind die, welche die Verbrennung umschließen. Die Zylin-

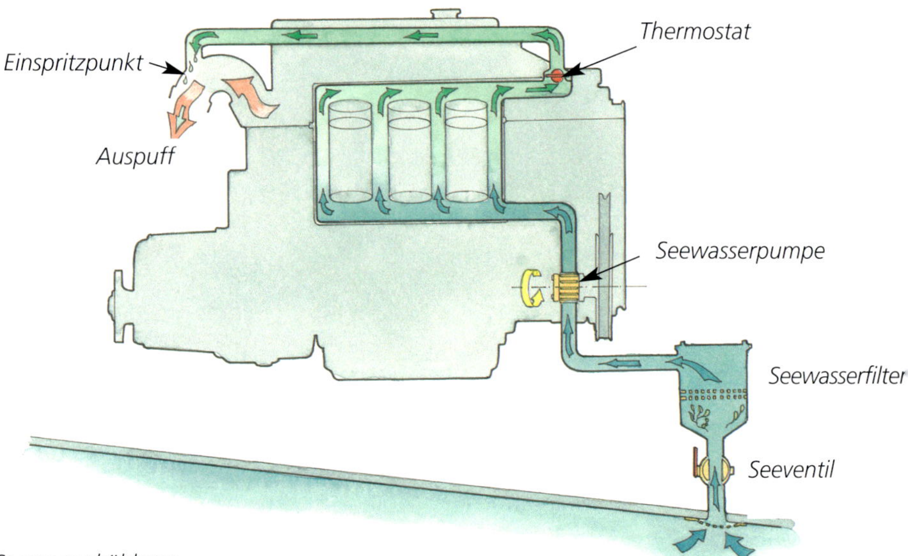

Seewasserkühlung

derköpfe mit den Ventilen, Federn und Kipphebeln sind dem Überhitzungsrisiko stark ausgesetzt und brauchen einen speziellen Schutz. Der Motorblock und der Zylinderkopf sind – was man nicht von außen sehen kann – mit Leitungskanälen durchlöchert, durch die das Kühlwasser so nahe wie möglich an die Quellen der Hitzeentwicklung herangeführt wird. Die Methoden der Wasserkühlung unterscheiden sich nach der Art, wie das Wasser an diese Stellen gebracht wird.

4.1 Seewasserkühlung

Dies ist das verbreitetste Basissystem. Wasser wird von außen über eine Pumpe angesogen, durch die Hohlräume im Motorblock gedrückt und wieder nach außen geführt, wobei es dann immer in den Auspuff eingespritzt wird. Bei Süßwasser ist das kein schlechtes System; aber Seewasser – insbesondere warmes Seewasser – ist hochgradig korrosiv und greift den Motorblock jede Sekunde unerbittlich an, wenn es im System stehen bleibt.

Mit Seewasser gekühlte Motoren sind speziell dafür ausgelegt. Sie haben dickwandige Kühlkanäle, die nicht so schnell durchrosten. Auf See eingesetzte Pkw- oder handelsübliche Motoren hätten ein extrem kurzes Leben, wenn sie derart missbraucht würden.

Für diese brauchen wir einen weniger feindseligen Zugang.

4.2 Indirekte Kühlung

Obgleich Seewasser prinzipiell das Kühlmittel bei Bootsmotoren ist, kommt es bei den meisten niemals in direkten Kontakt damit. Das

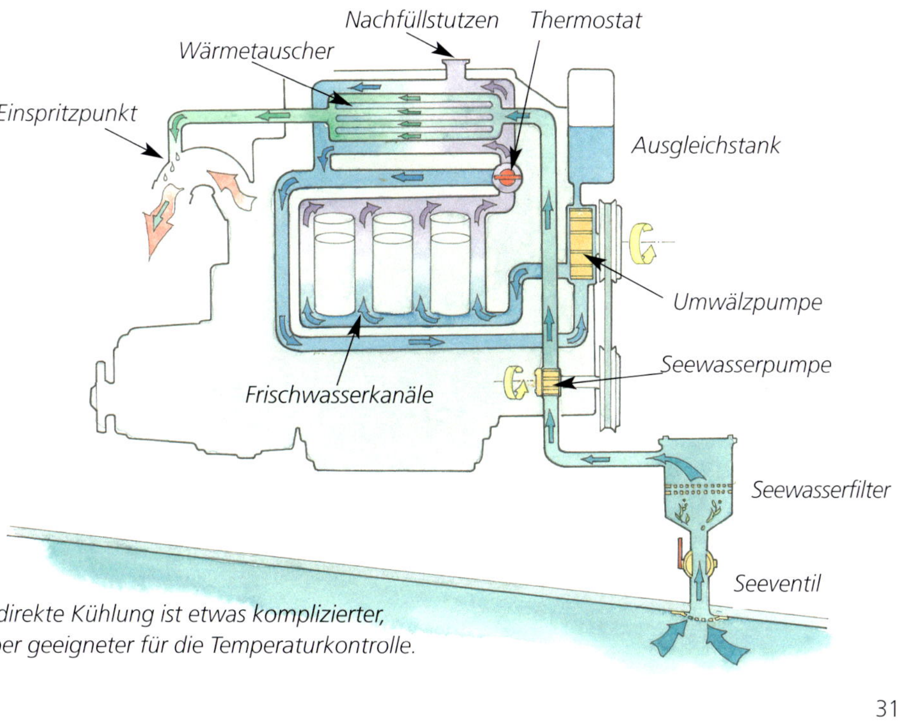

Indirekte Kühlung ist etwas komplizierter, aber geeigneter für die Temperaturkontrolle.

Kühlsystem ist in zwei voneinander getrennte Kreisläufe aufgeteilt. Das eine ist ein geschlossener Frischwasserkreislauf mit Zusätzen wie Frostschutzmittel, durch das andere fließt Seewasser, das von unten durch den Schiffsrumpf angesogen wird. Die beiden Systeme werden nie miteinander vermischt, sie kommen sich lediglich nahe im Wärmetauscher.

Wärmetauscher funktionieren in der Weise, dass sie zwei Flüssigkeiten – eine warme und eine kalte – derart nahe zueinander bringen, dass die eine von der anderen gekühlt wird. Ein gutes Beispiel ist der Luftkühler im Auto, der die Temperatur des Kühlwassers vom Motor durch den Luftstrom im Kühler reduziert. Die Front des Kühlers ist aufgeteilt in eine Unzahl von dünnen Röhrchen oder Platten, um die Fläche, die mit der Luft in Berührung kommt, zu maximieren.

Ersetzt man die Luft durch Seewasser, funktioniert ein Wärmetauscher bei einem Boot sehr ähnlich. Das aufgeheizte Frischwasser aus dem Motorblock fließt in dem Wärmetauscher durch mehrere Dutzend wärmeleitender Röhrchen, die von Seewasser umströmt sind. Das Seewasser, das konstant ausgetauscht wird, kühlt das Frischwasser, das zurück in den Motorblock fließt und dort die nächste Wärmefracht abholt. Wie bereits gesagt, am Ende gelangt das Seewasser über den Auspuff zurück in die See.

4.3 Kielkühlung

Anstatt das Seewasser in das Boot zu pumpen, um den Frischwasserkreislauf zu kühlen, wird bei einer Kielkühlung das Frischwasser außenbords durch das vorbeiströmende Wasser gekühlt. Die einfachste Methode ist – wie in

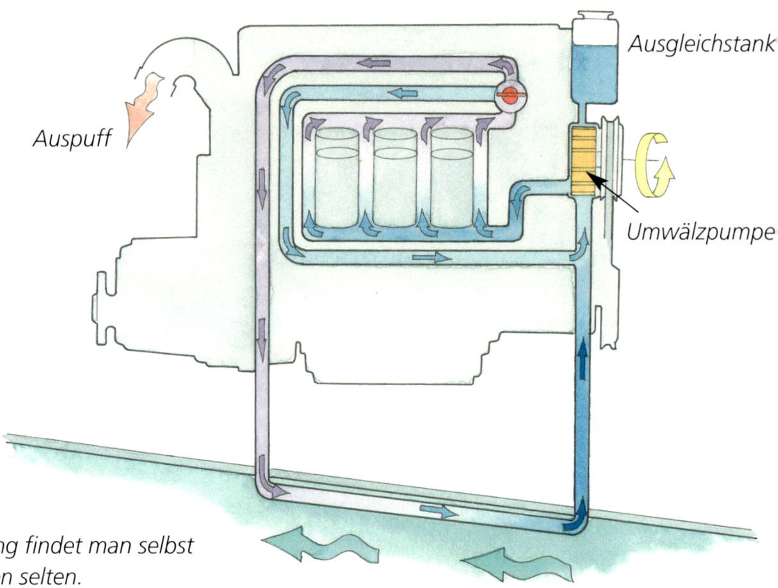

Eine Kielkühlung findet man selbst bei Sportbooten selten.

der Abbildung zu sehen – das Frischwasser durch ein ausreichend langes Rohr zu leiten. Es funktioniert aber auch mit einem Teil des Kiels – wie man es häufig bei Stahl- oder Aluminiumyachten sieht – oder mit einem speziell dafür konstruierten Wärmetauscher.

Wie alle Systeme hat aber auch die Kielkühlung Vor- und Nachteile. Auf der Plusseite steht, dass man keine Seewasserpumpe braucht – mit all ihren Problemen wie Verstopfungen und Impellerbruch. Weniger willkommen ist die Tatsache, dass man das Seewasser nicht zum Kühlen der Ölfilter und des Auspuffs benutzen kann – es sei denn, man hat ein separates Seewassersystem, bei dem dann allerdings die gleichen Probleme auftreten können wie sonst auch.

Den Thermostaten findet man normalerweise unter einer Kappe in dieser Form.

4.4 Thermostat

Bisher haben wir uns nur mit zu hohen Temperaturen beschäftigt. Kann sie aber auch zu niedrig sein? Absolut. Motoren sind so konstruiert, dass sie normalerweise mit der Temperatur laufen, die sie bei maximaler Leistung erreichen. Jedes Teil dehnt sich dann entsprechend seines Ausdehnungskoeffizienten aus, bis es genau passt. Bis dahin sitzen die Teile nicht eng, klappern und zerstören sich selbst. Aus diesem Grund muss ein Motor so schnell wie möglich auf Betriebstemperatur kommen.

Bei kühlen Außentemperaturen und geringer Belastung wird der Motor diese Temperatur nie erreichen – es sei denn, wir verhindern, dass das Kühlwasser unkontrolliert durch die Kühlkanäle fließt. Das wäre bestimmt so bei einer Seewasserkühlung, denn bei diesem offenen System würde ununterbrochen Seewasser mit Meerestemperatur durch die Kühlkanäle gepumpt.

Um dieses Problem zu umgehen, haben fast alle Motoren temperaturgeregelte Ventile – sog. Thermostate, die an der richtigen Stelle montiert die Wasserzirkulation so lange unterbrechen, bis der Motor auf die gewünschte Temperatur gekommen ist. Ist er warm genug, öffnet sich der Thermostat, damit der übrige Teil des Motors problemlos gekühlt wird.

Fällt die Temperatur, schließt der Thermostat etc.

Ein Thermostat ist ein raffiniertes kleines Teil mit einer mit Wachs gefüllten Kapsel, die sich bei Erwärmung ausdehnt. Dadurch wird ein Verschluss geöffnet, der mit einer Druckfeder angedrückt ist. So kann das Wasser durchfließen. Der Grund für eine Überhitzung eines Motors liegt in der Regel darin, dass der Verschluss in der geschlossenen Position klemmt und nicht öffnet.

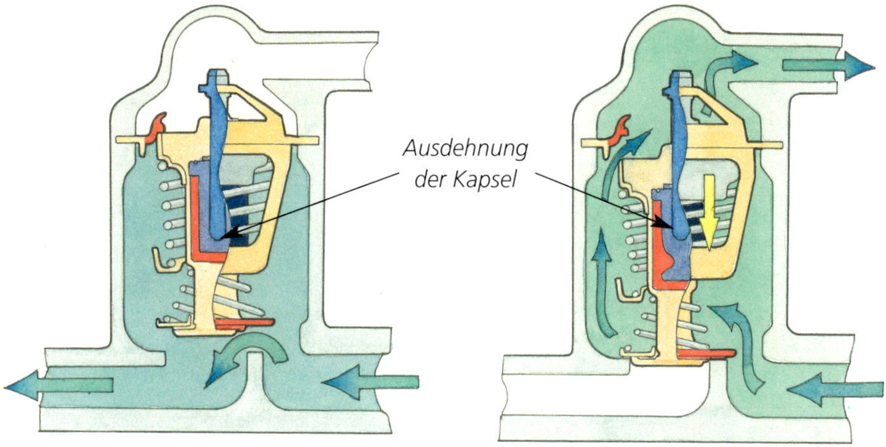

Bei niedriger Temperatur fließt das Wasser durch den Bypass.

Bei Betriebstemperatur wird das Wasser durch den Wärmetauscher geleitet.

4.5 Seeventile und Filter

Die Effektivität der Kühlung ist – egal ob direkte oder indirekte Kühlung – von dem Zugang zum Wasser abhängig, in dem das Boot gerade schwimmt – im See-, Süß- oder Brackwasser. Außenborder und Saildrives ziehen das Kühlwasser durch die Flankenseiten. Der Rest holt es über ein Seeventil und durch einen Grobfilter – vielfach Seefilter genannt. Er verhindert, dass Verunreinigungen im Wasser bis zur Pumpe gelangen.

Manchmal ist der Seefilter direkt am Seeventil angeschlossen. Aber in modernen Yachten liegt er oberhalb der Wasserlinie und an einer Stelle, wo er leicht kontrolliert werden kann. Dennoch sollte das Verbindungsrohr möglichst gerade verlaufen, damit man im Falle einer Verstopfung mit einem flexiblen Draht das Rohr leicht wieder freimachen kann.

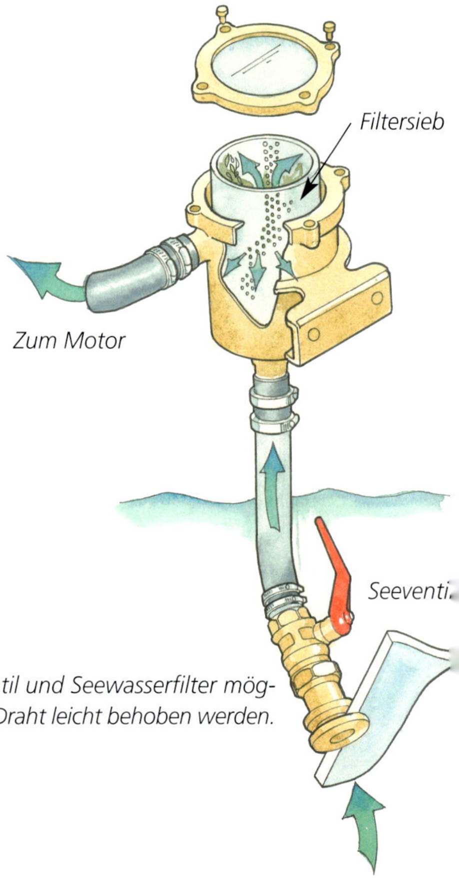

Verläuft das Verbindungsrohr zwischen Seeventil und Seewasserfilter möglichst gerade, kann eine Verstopfung mit einem Draht leicht behoben werden.

4.6 See- und Frischwasserpumpe

Das Seewasser wird von einer selbstansaugenden Pumpe zum Motor gebracht. Bei den Motoren, denen wir uns widmen, ist das eine Impellerpumpe. Sie hat ihren Namen von dem flexiblen Impeller, dem Kernstück der Pumpe. Sie funktioniert ganz einfach und wird in der Regel von einem Keilriemen angetrieben. In dem Gehäuse rotiert der Impeller, dessen Flügel zwischen dem Auslauf- und dem Einlaufkanal über einen glatt geformten Keil gleiten. Impellerpumpen sind wassergeschmiert. Aus diesem Grund dürfen sie nie mehr als wenige Sekunden trocken laufen, denn dann würden die Flügel sehr schnell überhitzen und zerstört werden.

Seewassergekühlte Motoren brauchen nur eine einzige Kühlwasserpumpe, indirekte Systeme dagegen eine zusätzliche Umwälzpumpe, um das Frischwasser durch den geschlossenen Wasserkreislauf zu pumpen.

Umwälzpumpen sind in der Regel Zentrifugalpumpen, in denen gebogene Impellerblätter das Wasser an die Außenseite des Pumpengehäuses schleudern und es so in die Auslassöffnung drücken.

Da Umwälzpumpen ständig mit Wasser gefüllt sind, brauchen sie nicht selbstansaugend zu sein. Sie funktionieren Tausende von Stunden ohne Wartung, weil sie – abgesehen von den Dichtungen – keine Einzelteile haben, die aneinander reiben.

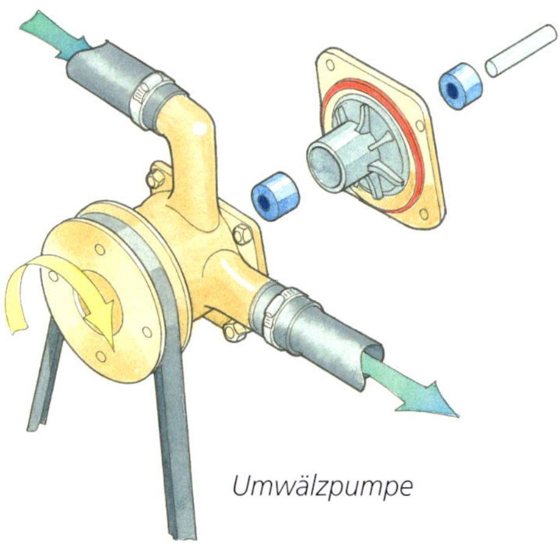

Umwälzpumpe

Frischwasserpumpe

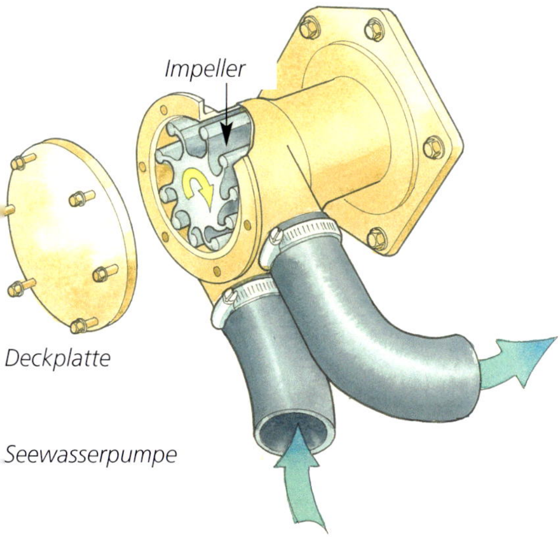

Deckplatte

Seewasserpumpe

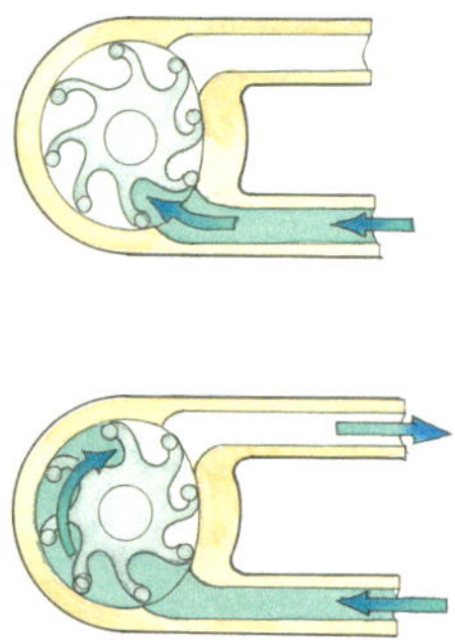

Verdrängerpumpe

5 Das elektrische System

Früher war der Handstart eines Dieselmotors normal, aber heute nicht mehr. Heute ist das bei nur noch ganz wenigen möglich – als Notprozedur, wenn z. B. die Batterie leer ist. Den vielfachen Wünschen, die alte Technik wiederzubeleben, begegnen die Motorhersteller mit den Hinweisen auf erhöhte Kosten und der Gewichtszunahme. Im Übrigen würden die Motoren eh immer größer und die Zuverlässigkeit des elektrischen Systems nehme auch immer mehr zu. Man mag das Fehlen der zuverlässigen Handkurbel beklagen, aber die meisten von uns haben ein absolutes Vertrauen in die Elektrik entwickelt.

5.1 Stromkreis einpolig isoliert

Damit das Gleichstromsystem funktioniert, muss es einen sogenannten Stromkreis bilden, der an der Spannungsquelle – in unserem Fall eine Batterie – beginnt und einen Verbraucher speist, z. B. eine Glühlampe. Der Strom fließt vom Minuspol der Batterie über einen Draht zur Glühlampe, bringt sie zum Leuchten und fließt über einen weiteren Draht zurück zum Pluspol. Entsprechend ist die eine Seite des Stromkreises der negative und die andere Seite der positive Teil.

Fast ausnahmslos haben elektrische Installationen am Bootsmotor eine Verbindung mit dem Motorblock, so wie man sie in Pkw findet. Sie sind lediglich einpolig isoliert. Die positive Rückleitung von den Verbrauchern erfolgt über individuelle Einzelkabel, wie in dem einfachen Beispiel unten gezeigt, während die Zuleitung über das leitende Chassis des Autos stattfindet und den Stromkreis mit der Batterie schließt, die ebenfalls mit dem Chassis verbunden ist. Batterie und die verschiedenen Verbraucher, wie Leuchten, Anlasser, Scheibenwischer und andere mehr, sind über Masse des Chassis miteinander verbunden. Sie stellen die negative Seite der Stromkreise dar.

An Bord nutzt man die Masse des Motorblocks in genau der gleichen Weise. Der Minuspol der Batterie ist über ein dickes Kabel mit dem Motorblock verbunden. Anlasser, Generator sowie Öldruck- und Temperatur-Messfühler sind aufgrund ihrer einpoligen Installation am Motor über ihr Gehäuse direkt mit ihm verbunden – und damit mit dem Minuspol der Batterie. Ein negatives Kabel in ausreichend schwerer Ausführung führt vom Motorblock zur Verteilertafel, wo die Bootsbeleuchtung und die verschiedenen Geräte geschaltet und überwacht werden. Alle anderen am Motor zu sehenden Kabel sind positive Leitungen.

Einfacher Stromkreis

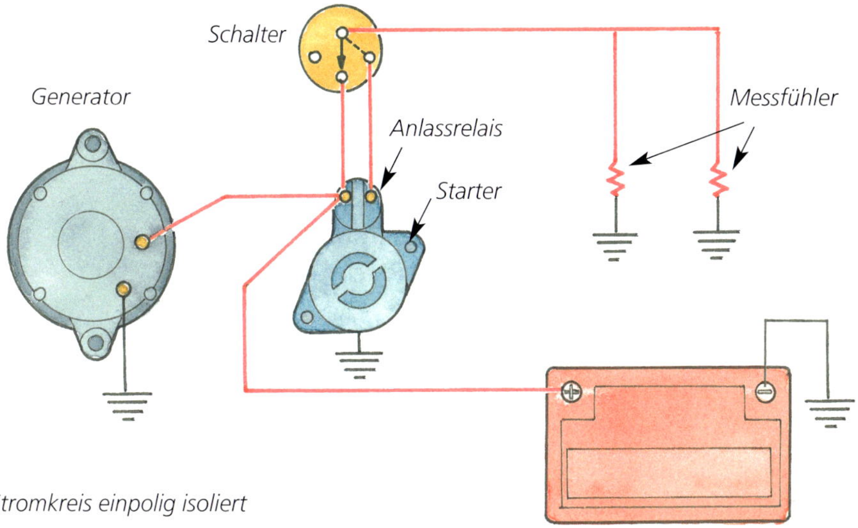

Stromkreis einpolig isoliert

Die Zeichnung zeigt lediglich die Anlass-, Lade- und Überwachungs-Stromkreise. In Wirklichkeit kann die Motorverkabelung recht kompliziert sein. Zum Glück ist sie in der Regel bereits am Motor installiert, sodass Kabel von einem Verteilerkasten nur an den entsprechenden Stellen eingestöpselt werden müssen. Den Einbau weiterer Geräte überlässt man aber besser der Werft. Dazu gehören die Batterien – in der Regel mehr als eine – und die Schalter und Sicherungen, damit das System isoliert und geschützt ist.

5.2 Stromkreis zweipolig isoliert

Obwohl Stromkreise mit Masse-Zuleitung ökonomisch sind, haben sie Nachteile. Das größte Risiko ist die elektrolytische Korrosion, die entsteht, wenn der Strom sich einen anderen Weg als den vorgegeben zurück zur Batterie sucht. Stahl- und mehr noch Aluminiumyachten können dann durch sogenannte vagabundierende Ströme leicht zu Schaden kommen.

Die Lösung sind isolierte Leitungen auf positiver wie auf negativer Seite. In solch einem zweipolig isolierten Stromkreis nimmt die Motormasse nicht mehr teil am Stromverlauf. Wohl kommt elektrischer Strom weiterhin auf den üblichen Weg zu den Verbrauchern. Statt über dem Motorblock, fließt er jedoch negativ wie positiv über isolierte Leitungen. Das bedeutet doppelte Verkabelung – und das sind nicht die einzigen zusätzlichen Kosten. Standardteile wie Generator, Anlasser und Messfühler sind normalerweise vom Werk einpolig ausgeführt. Der zweite Pol ist ihr Gehäuse. Die einfache Montageanleitung lautet: Schließen Sie den einen Pol an, der zweite ist es automatisch. Im isolierten Stromkreis funktioniert das nicht: Jedes elektrische Ausrüstungsteil ist hier vom Motor isoliert.

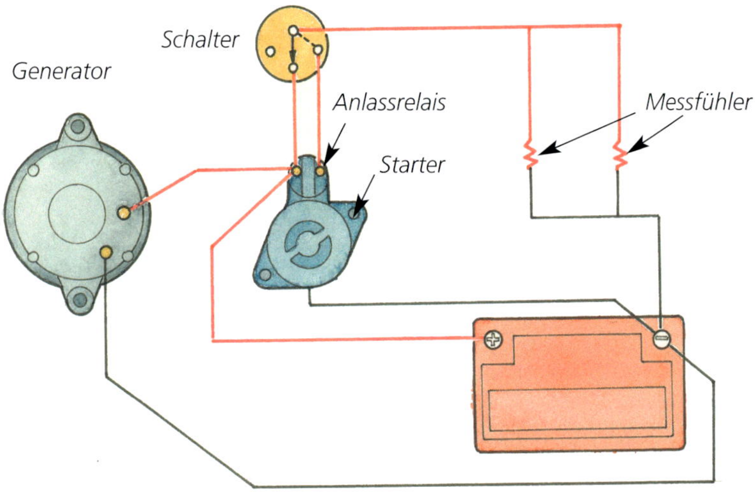

Stromkreis zweipolig isoliert

5.3 Generatoren

Batterien sind wie Sammelbüchsen: Du kannst ihnen nur das entnehmen, was du vorher hineingetan hast. Boote am Steg können ihre Batterien via Landanschluss und Ladegerät permanent nachladen. Haben sie aber abgelegt, müssen sie sich selbst versorgen. Dann sind sie von ihrem Motor abhängig, der neben Vortrieb auch zuverlässig für Strom sorgen soll. Dafür zuständig ist der Generator – ein kompaktes Teil mit magnetisiertem Rotor, der sich in einem Magnetfeld dreht. Ein Abtrieb am Motor treibt ihn über einen Keilriemen an.

Batterien liefern Gleichstrom und damit müssen sie auch geladen werden. Generatoren aber erzeugen Wechselstrom, was im ersten Moment paradox erscheint. Tatsächlich wird er aber zuvor in Gleichstrom umgewandelt. Die sogenannte Gleichrichtung übernehmen Dioden, elektrische Rückschlagventile, die Strom nur in einer Richtung durchlassen. Moderne Generatoren haben sie eingebaut – ebenso wie einen Regler, der die Ladespannung steuert.

5.4 Optimales Laden

Segelyachten laufen nicht allzu häufig unter Motor. Das ist ihr spezifisches Problem. Ihre Batterien werden deshalb selten richtig voll geladen. Das der Autotechnik entlehnte, simple Ladesystem ist deshalb an Bord nicht sehr effektiv.

Um es zu optimieren, installieren viele Eigner zwischen Generator und Batterie einen sogenannten Smart-Regler, der dem Betrieb auf einer Segelyacht besser gerecht wird – mit einer Dreistufenregelung etwa, die der Eigenart einer Bleibatterie angepasst ist und ihr effizienter den Ladestrom zuführt. Smart-Regler steuern die Ladespannung und den Ladestrom elektronisch und bestmöglich bis unter die Gasungsspannung und sorgen auf diese Weise für eine optimale Ladung, gleich, in welchem Ladezustand sich die Batterie befindet. Gleichwohl sind sie keine Batterielader, die man an 220 bzw. 230 Volt anschließen muss, sie haushalten nur besser mit dem Generatorstrom. Ein herkömmlicher Regler arbeitet dagegen eher simpel. Seine Regelung beschreibt nur einen schmalen Spannungsbereich, der ausreicht für den Betrieb im Kfz. Smart-Regler dagegen passen sich den jeweiligen Batterieladungen optimal an. Neuere Geräte sind sogar in der Lage, unterschiedliche Batterietypen gleichzeitig mit dem perfekten Ladestrom zu versorgen. Bordbatterien können mit Smart-Reglern nicht nur eine höhere Kapazität vorhalten, sie leben auch länger.

Bevor man jedoch ein vorhandenes System optimiert, sollte man sich vergewissern, ob der neue Regler mit dem Generator harmoniert. Es lohnt sich auch festzustellen, ob bei Einbau dieses neuen Gerätes das alte ausgebaut werden muss, denn manchmal funktioniert das alte mit dem neuen und kann als Redundanz-Gerät dienen.

5.5 Batterietypen

Nicht alle Bleibatterien sind für die gleiche Aufgabe konstruiert, nur die wenigsten können das. Um die Gründe dafür zu verstehen, ist es nützlich, ihre Wirkungsweise zu kennen. Eine Batteriezelle (eine Batterie hat zwölf Zellen) besteht aus einer Reihe unterschiedlicher Platten, die Hälfte ist positiv, die andere negativ. Die Platten bestehen aus Bleigittern und die Öffnungen sind aufgefüllt mit aktiven Bestandteilen – in den negativen Platten mit Bleipaste und in den positiven mit Bleiperoxid. Trennwände (Separatoren) zwischen den Platten verhindern, dass diese sich berühren. Platten und Separatoren sind in eine Elektrolyse-Flüssigkeit – mit destilliertem Wasser verdünnte Schwefelsäure – getaucht.

Das bisher Gesagte trifft auf einen geladenen Bleiakkumulator zu. Ist der Akkumulator aber mit einem Verbraucher verbunden, bildet der Elektrolyt die Brücke zwischen den beiden Platten und langsam entsteht wieder Bleisulfat. Dieser elektrochemische Prozess entlädt elektrische Energie. Zum Laden des Akkus braucht man einen externen Stromkreis (vom Generator oder von einem Ladegerät) zu den Platten,

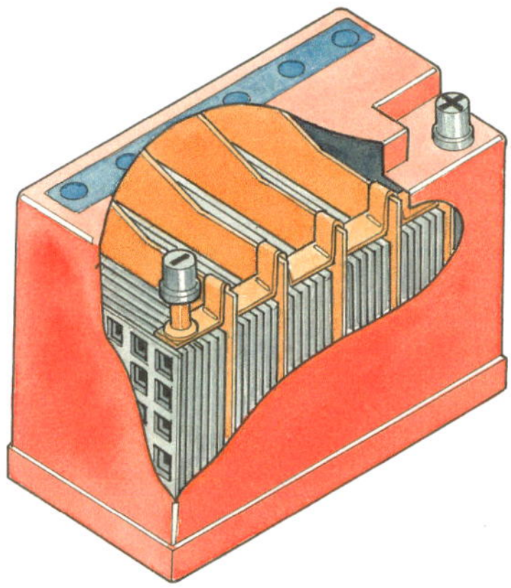

Starterbatterien haben viele dünne Platten.

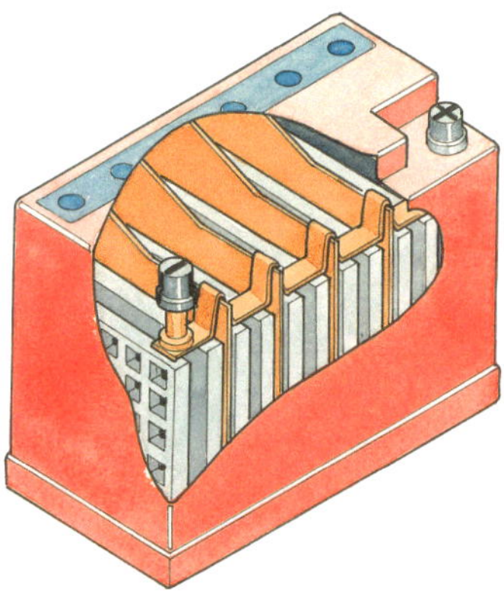

Batterien für Langzeitentladungen haben wenige dicke Platten.

der den Prozess umkehrt und dabei das Bleisulfat in reines Blei bzw. Bleischlamm und Bleiperdioxid zurückverwandelt. Die »Batterie« speichert auf diese Weise Energie.

Das Problem, dass der elektrochemische Umwandlungsprozess in den Batterien relativ langsam verläuft, wirft die Frage auf, warum es unterschiedliche Batterien für unterschiedliche Aufgaben gibt. Es gilt: Nichts geschieht in Bleiakkus plötzlich und schnell. Es gibt aber Momente, in denen man eine Menge Strom sehr schnell benötigt. Das Anlassen des Motors ist dafür ein gutes Beispiel. Der Anlasser verlangt von der Batterie eine enorme Leistungsabgabe über ein paar Sekunden. Um diesen unbändigen Appetit zu stillen, besteht die Starterbatterie aus einer großen Anzahl von dünnen Platten. Somit steht dem Elektrolyt das Maximum an Fläche zur Verfügung und der chemische Prozess kann rasant schnell ablaufen.

Würde man diese Akkus jedoch für längere Versorgungs- und Navigationsaufgaben einsetzen, würden sie schon bald in die Knie gehen. Starterbatterien mit ihren dünnen Platten sind die am wenigsten toleranten. Sie vertragen nur sehr wenige Ladezyklen und sind für die Belastungen bei tiefer Entladung verwundbarer. Da das bei der Versorgung der Geräte an Bord leicht vorkommt, braucht man Akkus mit dickeren Platten. Derartige Versorgungsbatterien können tiefer entladen und häufiger geladen werden. Sie eignen sich jedoch nicht für schnellen Zunder, um einen Motor zu starten.

Aus diesem Grund findet man auf vielen Yachten zwei Batterietypen – eine für den Motorstart und eine zur allgemeinen Versorgung.

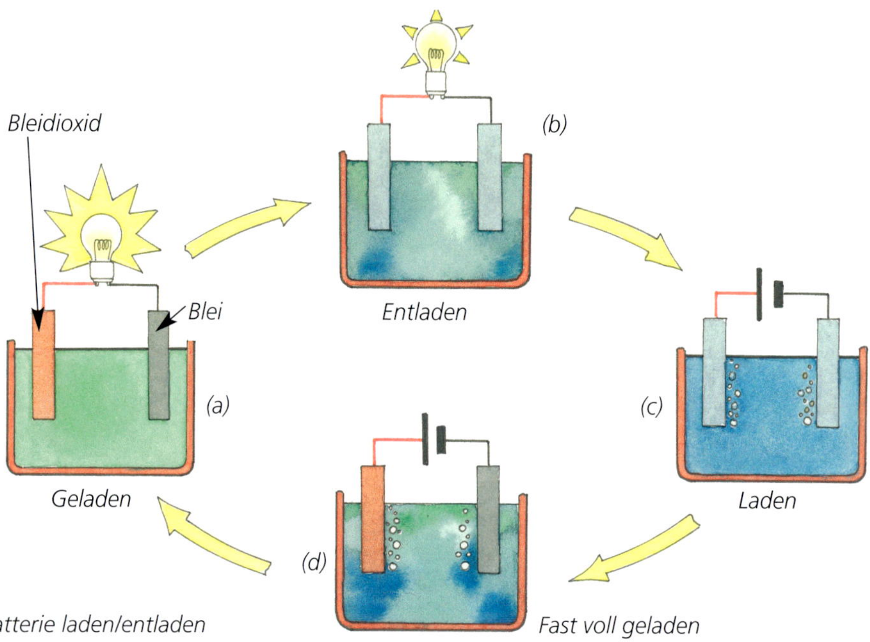

Batterie laden/entladen

Warnung

Beim Laden von Batterien entsteht Knallgas. Erreicht die Batteriespannung pro Zelle 2,4 V, setzt eine lebhafte Gasentwicklung ein. Der Ladestrom zersetzt Wasser in Sauerstoff und Wasserstoff. Wasserstoff ist ein nicht brennbares Gas. Wenn er sich jedoch in einer bestimmten Menge mit dem Sauerstoff der Luft mischt, kann dieses Gemisch explodieren. Damit sich kein Wasserstoff in einem geschlossenen Raum ansammelt, sollten die Batteriekästen eine Verbindung zur Außenluft haben.

5.6 Anlasser

Anlasser sind robust und ansonsten konventionelle Gleichstrommotoren. Man unterscheidet zwei Arten. Beide funktionieren, indem ein kleines Zahnrad, ein sog. Ritzel, in die Zähne des Motor-Schwungrades greift. Der Anlasser dreht das Schwungrad – und der Motor springt an. Hoffentlich! Die Art und Weise, wie das Ritzel in das Schwungrad greift, unterscheidet die Anlassertypen.

Zur ersten Gruppe gehören die Schubtrieb-Anlasser. Bei diesen kann sich das Ritzel frei auf einer Spiralnut auf der Motorwelle verschieben. Wenn sich die Welle dreht, ist die erste Aktion, dass sich das Ritzel auf der Welle nach

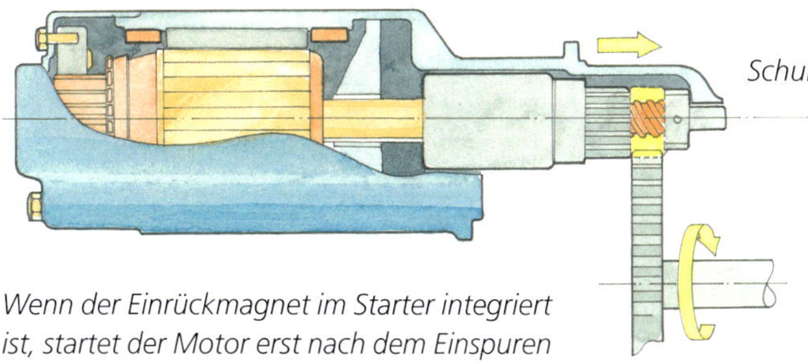

Schubtrieb-Anlasser

Wenn der Einrückmagnet im Starter integriert ist, startet der Motor erst nach dem Einspuren des Starterritzels.

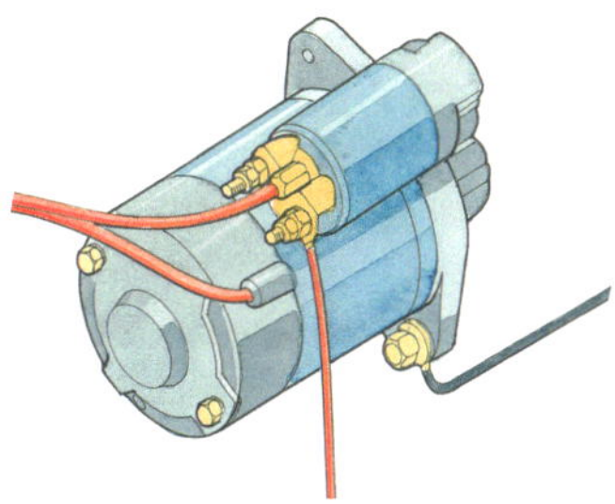

Schubanker-Anlasser

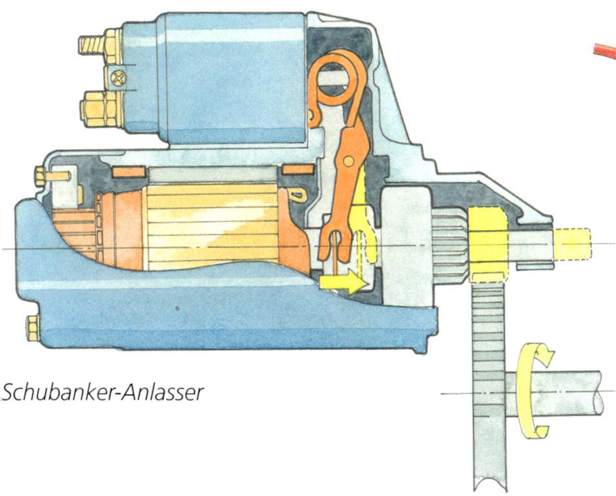

Schubanker-Anlasser

außen dreht und in das Schwungrad greift, das dann gedreht wird. Dreht der Motor schneller als der Anlasser, wird das Ritzel zurückgezogen.

Zur zweiten Gruppe gehören die Schubanker-Anlasser. Ein Einrückrelais bewegt über einen Einrückhebel das Ritzel und schiebt es in das Schwungrad, bevor der Anlasser dreht. Dieses in gewisser Weise sanftere Einrücken des Ritzels schont die einzelnen Zahnkränze. Wenn der Magnetschalter über dem Motor angebracht ist, kann man davon ausgehen, es mit einem Schubanker-Anlasser zu tun zu haben. Ist er dagegen weiter entfernt montiert, hat man es vermutlich mit einem Schubtriebstarter zu tun.

Beide Anlassertypen sind kraftvolle Starter, die eine Menge Strom brauchen – trotz des sehr kurzen Einsatzes. Das bedeutet, dass dicke Stromkabel zwischen Starterbatterie und Anlasser vorhanden sein müssen. Da Motor und die Kontrollgeräte häufig weit auseinanderliegen, dient der Magnetschalter auch als Hauptschalter. Weil das Startrelais nur wenig Strom verbraucht, reichen leichte Stromkabel als Verbindung zum Startknopf.

5.7 Stopphebel

Der Motor kann über einen kleinen Hebel an der Einspritzpumpe abgeschaltet werden. Bei kleinen Motoren wird der Hebel häufig über einen Bowdenzug wie bei einer Fahrradbremse betätigt. Bei größeren Motoren findet man anstelle des Bowdenzuges ein über einen Abstellknopf betätigtes Relais.

Dieselmotoren, deren Wurzeln bis in die Anfänge der Kraftfahrzeuge zurückreichen, werden normalerweise durch Drehen des Zündschlüssels gestoppt. So kennt man es von Autos und Lastwagen, wo diese Motoren zuerst Verwendung fanden. Das funktioniert aber nur deshalb, weil in der Einspritzpumpe ein Magnetventil ist, das über einen Stromkreis geschaltet wird. Wenn man die Zündung abschaltet, springt der Magnet in seine Ruhestellung, schließt das Ventil und unterbricht die Kraftstoffzufuhr.

Bei anderen Motoren geschieht genau das Gegenteil. Das Magnetventil ist inaktiv, wenn der Motor läuft. Aber wenn das Stopp-Kommando kommt, zieht der Magnet an und schließt das Ventil. Bei solchen Motoren findet man entweder an der Schaltpaneele einen in der Regel mit STOP gekennzeichneten Druckknopf, oder man muss den Zündschlüssel gegen den Uhrzeigersinn ganz deutlich bis zur OFF-Position drehen.

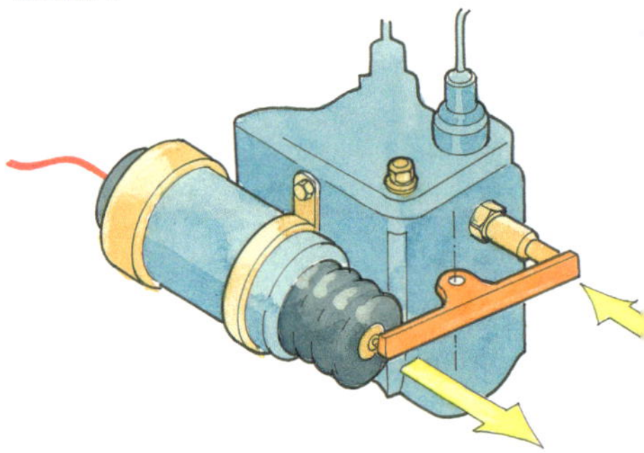

Magnet-Abschalter für Einspritzpumpe

Warnung

Bevor man einen Dieselmotor anlässt, sollte man sich unbedingt mit der Abstellmöglichkeit vertraut machen. Den Zündschlüssel voreilig und unkontrolliert umzudrehen, kann die Lichtmaschine ernsthaft beschädigen.

6 Schmierung

Alle Verbrennungsmotoren brauchen Öl, um die Lager zu schmieren. Bei Dieselmotoren ist das besonders wichtig, weil sie außergewöhnlich hohen Belastungen ausgesetzt sind. Den größten Dienst, den man einem Dieselmotor antun kann, ist bezüglich der Schmierung pingelig zu sein. Das bedeutet, genau auf die Füllstände zu achten, sowie das Öl und die Filter regelmäßig zu wechseln. Wenn man darauf konsequent achtet, kann man die Lebensdauer des Motors um Jahre verlängern. Vernachlässigt man diese simplen Aufgaben, wird man schon bald den Preis dafür zahlen müssen: Entweder bringt der Motor kaum noch Leistung oder es stehen kostspielige Reparaturen an.

Das Motoröl ist der Lebenssaft des Motors und dient in erster Linie dazu, durch Schmierung die Reibung in den Lagern zu verringern. Es kann aber noch viel mehr. Es hilft, den Druck

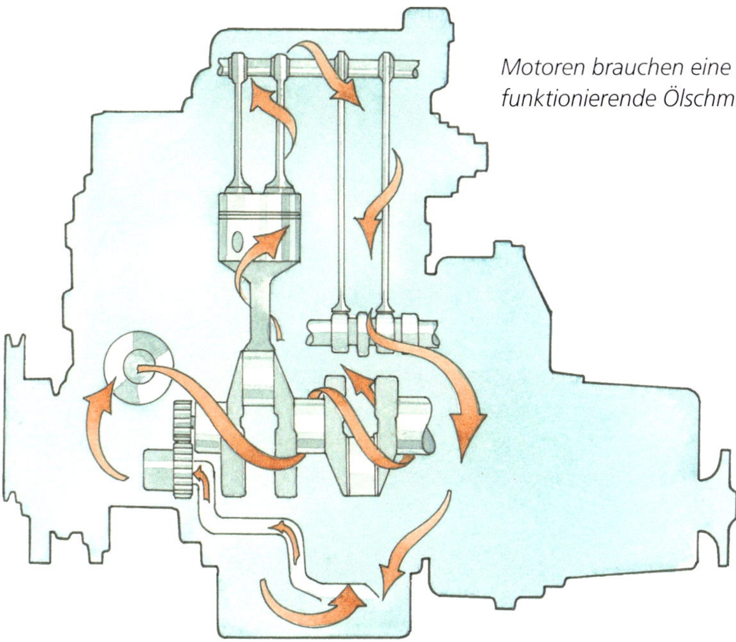

Motoren brauchen eine stetig funktionierende Ölschmierung.

in den Zylindern zu halten, verhindert Korrosion und spült die verschiedenen Rückstände aus dem Verbrennungsvorgang und den zwar reduzierten, aber nie völlig vermeidbaren mechanischen Abrieb hinweg. Dazu zählen Ruß, Schlamm, Silikon- und Metallpartikel sowie Verbindungen, die bei der Verbrennung des Motoröls selbst entstanden sind. Sie befinden sich in der Aufschlämmung, bis sie in den Filter gelangen – und dort hoffentlich festgehalten werden.

Die Kurbelwanne ist der Vorratsbehälter für das Motoröl. Dort befindet sich auch die Ölumwälzpumpe – in der Regel eine Zentrifugal- oder Zahnradpumpe. Ihre Aufgabe ist es, das Öl durch die vielen Kanäle und Bohrungen zu den Stellen zu transportieren, wo Schmierung nötig ist. Eine Öldruckanzeige im Cockpit zeigt den Förderdruck an den Kurbelwellenlagern. Außergewöhnlich niedriger Druck ist ein Zeichen dafür, dass der Motor abgenutzt ist.

Motoren mit Turbolader und die Turbolader selbst sind besonders anspruchsvoll. Die erhöhten Leistungsabgaben belasten die Lager enorm. Die daraus entstandene gewaltige Aufgabe muss bewältigt werden, denn sonst kann der kleinste Fehler in einer einzigen Komponente den gesamten Motor lahmlegen.

6.1 Was ist Motoröl?

Der größte Teil des Motoröls, das auf dem Markt ist, ist raffiniertes Rohöl. Mineralöl allein ist aber nicht robust genug, um mit modernen Dieselmotoren fertig zu werden. Deshalb werden dem Basisöl Zusätze beigemischt. Dazu können Additive gehören, die verunreinigende Stoffe in der Aufschlämmung halten, und Reinigungsmittel, die Ablagerungen von den mechanischen Teilen abwaschen, aber auch Rostschutzmittel, die Rost verhindern und Säuren bekämpfen, die aus dem Schwefel entstehen, der von Natur aus im Dieselkraftstoff enthalten ist.

Zudem gibt es synthetische Öle. Sie sind viel teurer, bieten aber eine bessere Leitung und sind von längerer Lebensdauer – mit anderen Worten: Die Abstände zwischen den Ölwechseln sind dann größer. Obwohl die Bezeichnung »synthetisch« das Bild eines irgendwie exotischen Mittels hervorruft, ist es nicht so weit vom Naturprodukt entfernt. Die Sorte, die wir brauchen, besteht aus synthetischem Hydrokarbonat (Kohlenwasserstoff), dessen Molekülstruktur speziell für die Schmierung von Dieselmotoren entwickelt wurde. Und da es nicht für die Verfeinerung und die Entsorgung unerwünschter Inhaltsstoffe zuständig ist, enthält es weniger Verunreinigungen.

Synthetische Öle vertragen höhere Temperaturen als Erdöle. Das liegt an der unterschiedlichen Art des Abbrennens. Beim Erdöl sind die Moleküle unterschiedlich groß. Beim Ansteigen der Temperatur verbrennen zuerst die kleineren Moleküle, die größeren bleiben zurück. Das verändert die Charakteristik des Öls. Bei synthetischem Öl sind die Moleküle alle gleich. Beim Abbrand bleiben die entscheidenden Charakteristiken erhalten.

Synthetische Öle auf Hydrokarbon-Basis können mit normalem Öl gemischt werden. Genau das bekommt man, wenn man semi-synthetisches Öl kauft. Das ist ein Mix aus Standard- und Synthetiköl und keine schlechte Wahl für viele Bootsmotoren. Andere Motorölsorten können inkompatibel sein. Das sollte man vor dem Ölwechsel kontrollieren.

Seien Sie niemals geizig bezüglich des Öls. Kaufen Sie das Beste, das auf dem Markt ist. Je höher die Leistung des Motors, desto besser muss das Öl sein. Zwei Organisationen tes-

ten und bestimmen die Ölkatagorien. Eine ist das American Petroleum Institute (API), das den Kennbuchstaben »C« (compression) für Dieselmotoröl verwendet. Danach folgt ein zweiter Buchstabe (aktuell von F bis J) mit einer Zahl (entweder 2 oder 4). Motoröl mit der Klassifikation API CI-4 ist somit ein hochwertigeres Öl als API CF-4. Für die meisten Bootsdieselmotoren reicht aber CH-4 aus.
Seit 1996 gibt es die Association des Constructeurs Européens d`Automobiles. Sie ist eine Vereinigung von Fahrzeug- und Mineralölherstellern, die u. a. Anforderungsprofile für Motorenöle erarbeiten. Deren Kategorien für Dieselmotoren reichen von B bis E. Daran wird eine Zahl angehängt, zzt. von 1 bis 7. ACEA E7 ist ein hochwertiges Motoröl für Motoren ohne Dieselpartikelfilter und hat einen Sulfatasche-Gehalt von max. 2 %.
Da es immer neue Motorenkonzepte gibt, werden ständig neue Anforderungen an das Motoröl gestellt. Die Motorenhersteller legen nach zahlreichen Prüfläufen unter Berücksichtigung des Ölfiltersystems, der Metallurgie und der Konstruktion der Motorbauteile die »richtige« Ölqualität fest. Wenn man in seiner Betriebsanleitung eine Ölsorte findet, die so nicht mehr auf dem Markt ist, sollte man sich bei den Ölhändlern nach einem geeigneten Ersatz erkundigen. Im Zweifelsfall immer nach der besseren Ölsorte greifen.

6.2 Ölfilter

Wenn man beim Ölwechsel nicht zugleich den Ölfilter austauscht, ist Folgendes zu bedenken: Bei den Motoren, mit denen wir es in der Regel zu tun haben, bestehen die Ölfilter wie beim Pkw aus einer Ersatzpatrone mit Gewinde, die in wenigen Minuten austauschbar ist. Da sie nur einen Bruchteil von dem kosten, was ein Motor kostet, sollte man nicht an der falschen Stelle sparen.
In dem Filter ist normalerweise ein Überdruckventil, über das man sich keine Sorgen machen muss. Es leitet das Öl, wenn der Filter so verstopft ist, dass ein normaler Durchfluss des Öls nicht mehr möglich ist, zurück in den Sumpf.

Ölfilter müssen in regelmäßigen Abständen ausgetauscht werden.

6.3 Ölpumpe

Die Ölpumpe ist das Herzstück des Schmiersystems. Sie werkelt am Boden der Ölwanne und kann unterschiedlich konstruiert sein. Die meisten sind – wie in der Abb. dargestellt – Zahnringpumpen.
Solange das Motoröl regelmäßig gewechselt wird, hat man mit der Ölpumpe keine Sorgen. Wenn sie ausgeschlagen ist, sind andere Motorteile schon längst in einem schlechten Zustand.

Arbeitsweise der Zahnringpumpe

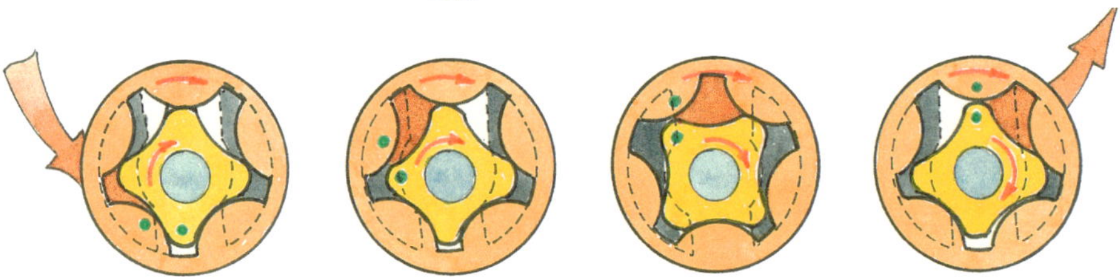

Zahnringpumpe

6.4 Getriebeschmierung

Da im Getriebe keine Verbrennung stattfindet und dadurch keine Nebenprodukte entstehen, könnte die Schmierung des Getriebes einfacher sein. Das ist aber nicht so. Einige Getriebe brauchen das gleiche Öl wie der Motor. Andere benötigen spezielles Öl für Automatikgetriebe. Bevor man das Öl wechselt, sollte man in die Betriebsanleitung schauen.
Ebenso wichtig ist es, die korrekte Bedienung des Kontrollstabes nachzulesen. Vielfach muss der Messstab nicht eingeschraubt werden, wenn man den Ölstand kontrollieren will. Mit anderen Worten: Man kann sich nicht auf die

Kontrolle des Messstabes

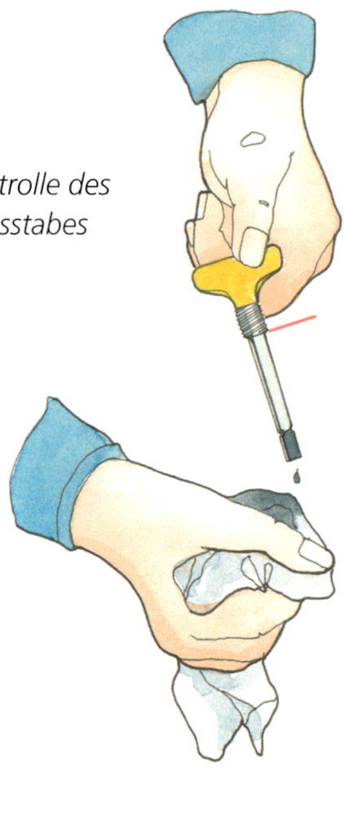

erste Messung nach dem Herausdrehen des Messstabes verlassen. Er muss zunächst gesäubert und dann nur bis zum Gewindeansatz in die Öffnung gesteckt werden.

6.5 Ölkühler

Ölkühler sind ähnliche Wärmetauscher wie die im Kühlwasserkreislauf. Einer der Nebeneffekte, die enstehen, wenn immer mehr Leistung aus immer kleineren Motoren herausgeholt wird, ist, dass die Betriebstemperaturen steigen. Man sollte sich einmal Gedanken darüber machen, dass viele Motoren bereits drei oder vier Wärmetauscher haben – und alle müssen regelmäßig inspiziert und gewartet werden.

Besonderes Augenmerk brauchen Opferanoden – sofern welche vorhanden sind. Ist galvanische Korrosion da, frisst sie sich durch die Kühlrohre. Dann schickt man das Wasser und das Öl dahin, wo es überhaupt nicht gebraucht wird. Das Ende kann sehr interessant sein – aber in jedem Fall teuer.

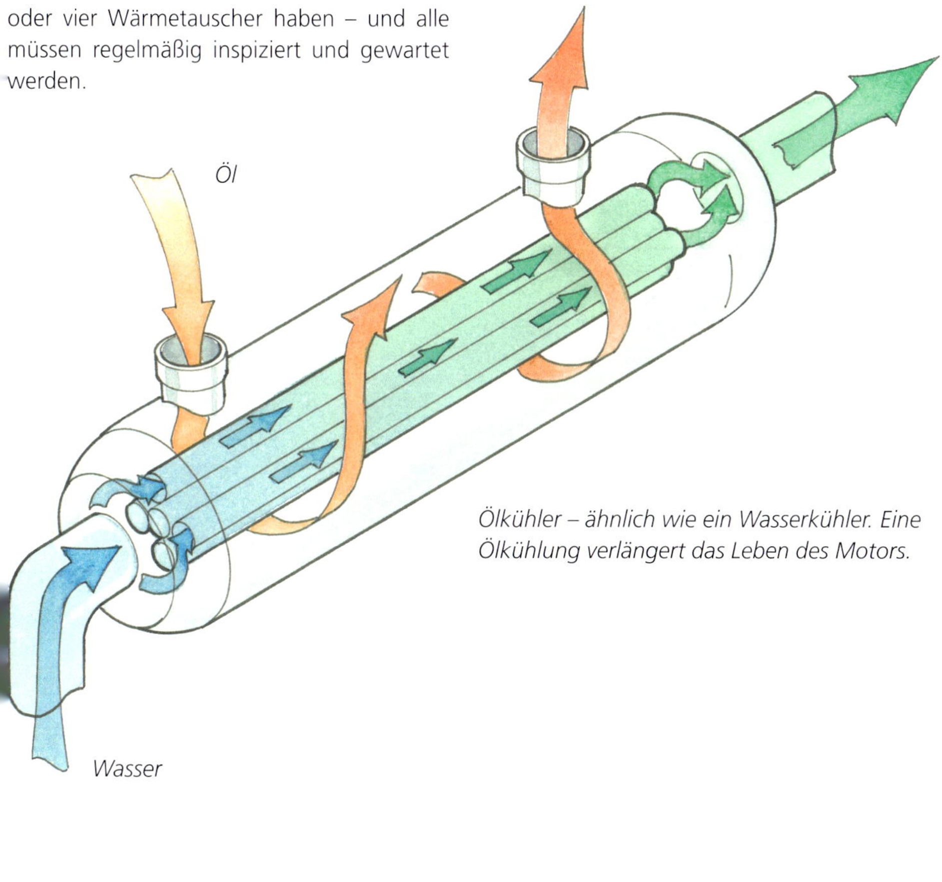

Ölkühler – ähnlich wie ein Wasserkühler. Eine Ölkühlung verlängert das Leben des Motors.

7 Vortrieb

7.1 Direkter Antrieb

In einer Zeit, in der Mechanik immer komplexer wird, könnte diese Antriebsform eher etwas altmodisch aussehen, in Wirklichkeit verkörpert sie Tugenden wie Einfachheit und Zuverlässigkeit. Sie ist immer noch der absolute Favorit bei Segel- und traditionellen Motoryachten. Bei den modernen Motorbooten hat sie dagegen an Boden verloren.

Es scheint absolut überflüssig zu sein, die Einzelteile näher zu beschreiben. Die Motorleistung wird hinter dem Motor spürbar und über die Welle auf den Propeller übertragen. Damit kein Wasser in den Rumpf gelangt, muss die Welle durch eine wasserdichte Stopfbuchse nach außen geführt werden. Zur Abstützung der Welle ist kurz vor dem Propeller ein externes Wellenlager angebracht.

Eine typische Wellenanlage mit Lagerbock – einfach und robust.

7.2 Getriebe

Die Motorkraft nützt nichts, wenn sie nicht in geregelter und sauberer Form an die Propellerwelle geliefert wird. Dafür zuständig ist eine Übertragungsanlage – allgemein bekannt als Getriebe.

Das Getriebe hat zwei unterschiedliche Aufgaben. Moderne Dieselmotoren rotieren normalerweise zu schnell, und die hohen Umdrehungszahlen können nicht unverändert weitergeleitet werden. Bei allen Booten – mit Ausnahme der ganz leichten und schnellen – ist ein langsam drehender Propeller wirksamer als ein schnell drehender. Aus diesem Grund ist die erste Aufgabe des Getriebes, die Drehzahl zu mindern. Das Verhältnis zwischen den Eingabe- (Antrieb-) und Ausgabe- (Abtrieb-)Umdrehungen bestimmt das Untersetzungsverhältnis. Ein Verhältnis von 3:1 bedeutet, dass sich bei drei Umdrehungen der Kurbelwelle (Antrieb) die Propellerwelle (Abtrieb) nur einmal dreht. Das charakterisiert eine Untersetzung bzw. Reduktion. Liegt dagegen die Antriebsdrehzahl höher als die Abtriebsdrehzahl, z. B. 1:3, spricht man von einer Übersetzung. Die meisten Kenntnisse, wie ein Getriebe funktioniert, bekommt man, wenn man mit Motor fährt. Dann sieht man, dass man voraus oder achteraus fahren, aber auch bei laufender Maschine an Ort und Stelle bleiben kann. Neben Gashebel und Ruder ist das Getriebe der drittwichtigste Regler.

Schiffsgetriebe sind grundsätzlich anders als Autogetriebe. Die Zahnräder greifen ständig ineinander und drehen sich permanent, wenn der Motor läuft. Eine interne Kupplung oder auch mehrere gleicher oder unterschiedlicher Art entscheiden über die Methode, wie die Motorkraft auf die Welle übertragen wird. Man kann sie in zwei Kategorien einteilen: mechanische oder hydraulische Kupplungen. Diese sich selbst erklärenden Begriffe beschreiben, wie die Übertragung geregelt wird. Mechanische Getriebe schalten mechanisch, hydraulische Getriebe brauchen dagegen eine Öldruckpumpe, die die verschiedenen Teile im Innern bewegt. Das ist bei größeren Motoren absolut notwendig, weil die auftretenden Kräfte beträchtlich sind. Da früher mit schwerer Handarbeit die Ganghebel bedient werden mussten, verwundert es heute niemanden mehr, wenn man mit dem kleinem Finger das Getriebe schaltet – unabhängig von dessen Größe.

Bei einem Getriebe mit einer 2:1-Untersetzung hat der große Zahnkranz doppelt so viele Zähne wie der kleine.

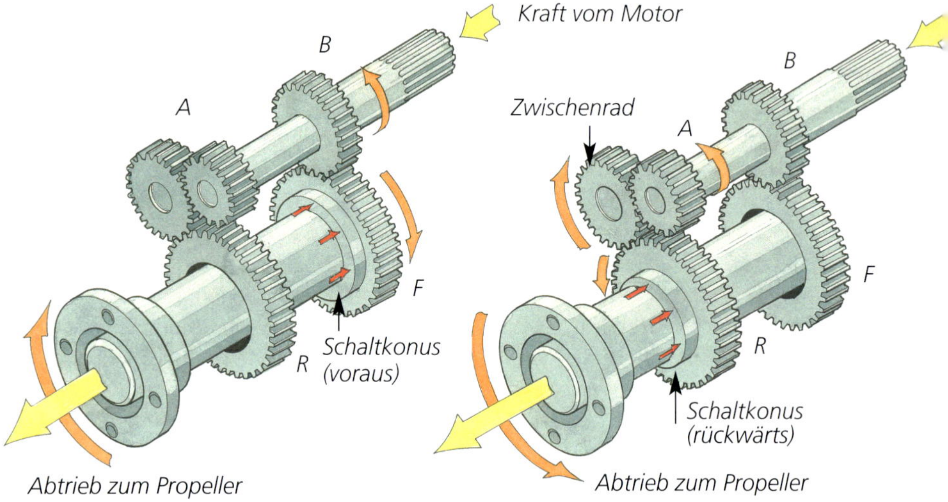

Wendegetriebe mit zwei Wellen

7.3 Doppelwellen-Getriebe

Dieser Getriebetyp ist sehr verbreitet – und am einfachsten zu beschreiben und zu verstehen. In Neutralstellung drehen das Vorwärts- (F) und das Umkehr-Abtriebsrad (R) frei auf der Abtriebswelle. Die zwei kleinen Zahnräder A und B sitzen fest auf der Antriebswelle, sind aber nicht direkt in das Umkehr-Abtriebsrad (R) eingekuppelt.

Für die Vorausfahrt wird die Kupplung in das Vorwärts-Abtriebsrad (F) geschoben. Da sich die Kupplung nicht auf der Abtriebswelle drehen kann, blockiert sie F mit der Abtriebswelle. Die Kraft der Antriebswelle wird somit über das kleine Zahnrad B auf das Zahnrad F mit umgekehrter Drehrichtung übertragen.

Für die Rückwärtsfahrt wird die Kupplung aus F ausgekuppelt und in das Umkehr-Abtriebsrad (R) eingekuppelt. Nun wird die Kraft der Antriebswelle über das kleine Zahnrad A auf das Zwischenrad und von dort auf R übertragen. Wegen des Zwischenrades wird die Drehung noch einmal umgekehrt, sodass An- wie Abtriebswelle in gleicher Richtung laufen.

Planetengetriebe

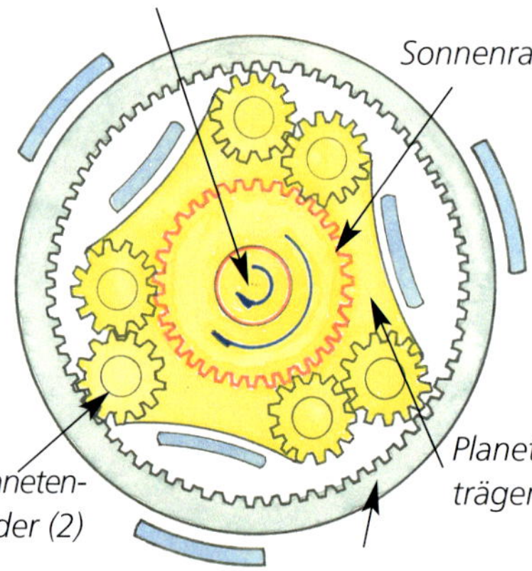

(a)

7.4 Planetengetriebe

Der Mechanismus hat seinen Namen von der Ähnlichkeit mit dem Planetensystem – mit der Sonne im Zentrum und einer Reihe von Planeten auf Umlaufbahnen ringsherum. Obgleich es im ersten Augenblick rätselhaft aussieht, die Art und Weise, wie es funktioniert, ist sehr simpel und bietet eine Reihe von Möglichkeiten in einem einzigen Gerät.

Der Antrieb vom Motor kommt über das Sonnenrad (1), das sich immer in derselben Richtung dreht. Um das Sonnenrad herum befinden sich drei Zwischenzahnräder, die sog. Planetenräder (2), die auf einem Planetenradträger (3) montiert sind. Dieser Träger wird mithilfe von Klauen entweder mit der Abtriebswelle (4), die am hinteren Ende des Getriebes austritt, oder mit dem Hohlrad (5) verbunden. Die Planetenräder drehen frei und greifen ständig in das Sonnenrad und die Zähne auf der Innenseite des Hohlrades. Das Hohlrad kann sich ebenfalls frei um seine Achse drehen.

Man muss sich nun ein System von Klauen und Bremsen vorstellen, die alle in der Lage sind, Komponenten zu blockieren oder mit anderen zu fixieren. Dadurch entstehen drei unterschiedliche Situationen in dem Planetengetriebe:

a) Zunächst, wenn das Sonnenrad mit dem Planetenradträger fest verbunden ist, dreht sich die gesamte Einheit mit der gleichen Geschwindigkeit in die gleiche Richtung. Das Übersetzungsverhältnis ist 1:1. Weil das für die meisten Boote zu schnell ist, wird eine Untersetzung notwendig.

b) In der zweiten Phase wird der Planetenradträger von dem Sonnenrad getrennt und festgestellt. Eine Kupplung verbindet das Hohlrad mit der Abtriebswelle. Wenn sich nun das Sonnenrad dreht, wird der Antrieb über die Planetenräder auf das Hohlrad übertragen (und damit auf die Abtriebswelle). Das Hohlrad dreht sich nun zwar langsamer, aber in der gleichen Richtung wie die Abtriebswelle. Bei den meisten Booten wird so der Vorwärtsgang geschaltet.

c) Für die Rückwärtsfahrt betrachten wir die dritte Situation. Der Planetenradträger ist mit der Abtriebswelle, aber nicht mit dem Sonnenrad blockiert. Das Hohlrad wird durch eine Klaue oder Bandbremse fixiert. Wenn nun die

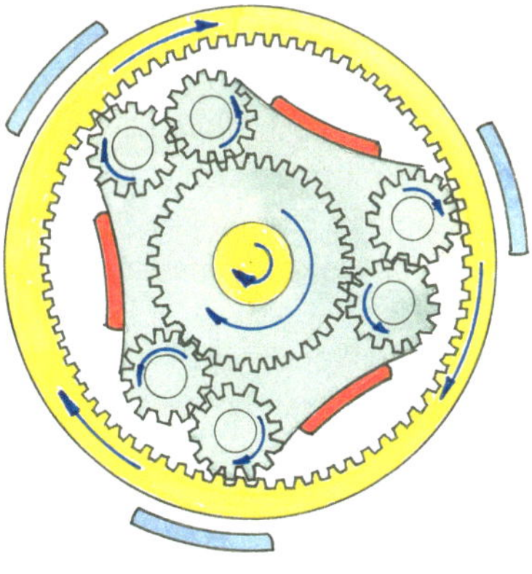

(b)

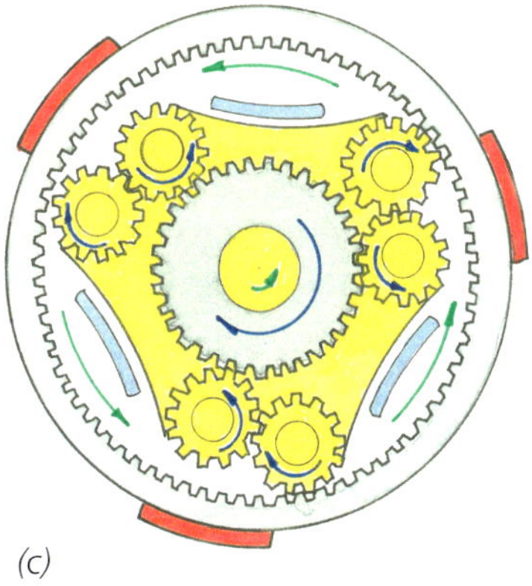

(c)

Antriebswelle rotiert, rollen die Planetenräder auf der Innenseite des Hohlrades langsamer und in entgegengesetzter Richtung ab. So entsteht der Rückwärtsgang.

Diese Beispiele beschreiben Prinzipien, die sich auf die eine oder andere Weise auf andere Konstruktionen übertragen lassen – nicht zuletzt auf das Herzstück eines Automatikgetriebes bei Pkws. Ein bekannter amerikanischer Hersteller von Bootsgetrieben verwendet zwei Planetengetriebe hintereinander. In dem ersten wird von Vorwärts (a) auf Rückwärts (c) geschaltet und im zweiten der Vorwärtsgang reduziert (b). Unglücklicherweise ist diese Konstruktion nicht nur komplex, sondern auch teuer – und wird deshalb wohl immer unpopulärer.

7.5 Wellenkupplungen

Die einfachste Wellenkupplung besteht aus einem Flanschenpaar aus Stahl mit einem Flansch am Getriebeabtrieb und dem anderen auf der Propellerwelle. Sie werden derart eng miteinander verbolzt, dass sie eine Einheit bilden.

In der Regel lagern die meisten Motoren auf flexiblen Motorstützen, die die Motorvibrationen absorbieren und den strukturbedingten Lärm nicht weiterleiten sollen. Sie lassen dem Motor jedoch etwas Bewegungsspielraum, insbesondere seitlichen. Die einzige Möglichkeit, diese Bewegungen aufzufangen, die von einer starren Welle übernommen werden, besteht in einer flexiblen Wellenlagerung. Dadurch entstehen jedoch erheblich größere Belastungen an der Stevenrohrbuchse und noch mehr Vibrationen, die sich auf den Rumpf übertragen. Aus diesen Gründen macht es Sinn, in die Kupplung ein flexibles Zwischenstück einzubauen.

7.6 Flexible Wellenkupplungen

Flexible Wellenkupplungen gibt es in den unterschiedlichsten Formen und Größen. Die kompakteste und preiswerteste kann ohne weitere Veränderungen zwischen die vorhandenen Flansche gesetzt werden. Die Welle wird dann ein wenig nach hinten verschoben – in der Regel ohne Folgen. Eine derartige Kupplung sieht man in der Abbildung rechte Seite oben.

Eine anspruchsvollere Kupplung besteht aus einem kurzen Zwischenstück, wie man es aus dem Kraftfahrzeugbau kennt. An dem Ende der Propellerwelle hat das Zwischenstück ein Drucklager, das den Zug bzw. Druck von dem Propeller auf das Getriebe und umgekehrt auffängt. Das bedeutet, dass der Motor auf kleineren Stützen lagern kann, die ebenso gut die Vibrationen dämpfen können.

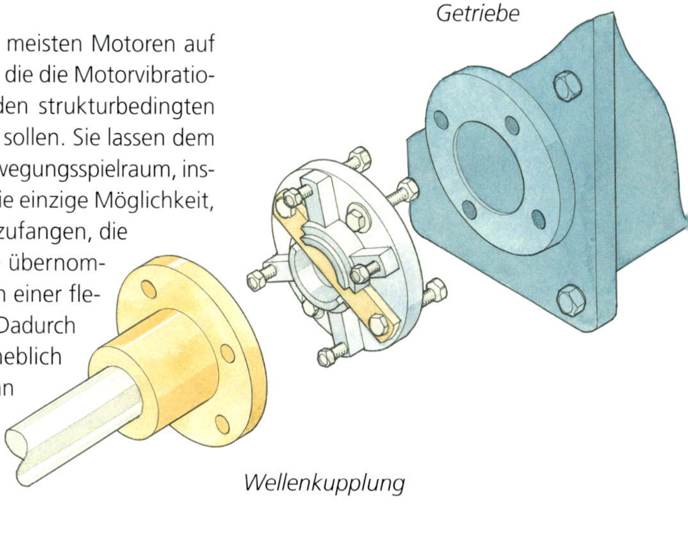

Wellenkupplung

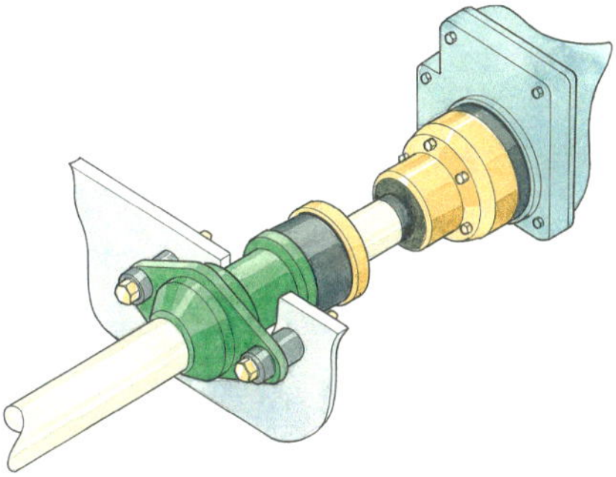

Eine flexible Kupplung verhindert Vibrationen und verringert den Druck auf das Getriebe.

Obgleich solch ein System nachgerüstet werden kann, ist es besser, wenn es gleich beim Bau der Yacht mit eingebaut wird, da die Konsole für das Drucklager fest in die Rumpfkonstruktion integriert sein muss. Viele Bootsbauer empfehlen diese Kupplungen, weil eine gewisse Abweichung bei der Ausrichtung von Motor und Welle toleriert werden kann.

7.7 Stopfbuchse

Auf diesem Gebiet hat in den letzten Jahren eine rege Entwicklung stattgefunden. Viele Firmen haben Stopfbuchsen auf den Markt gebracht. Dennoch gibt es eine enorme Anzahl der traditionellen Stopfbuchsen mit Packungen, die erstklassig funktionieren.

Packungsstopfbuchsen bestehen lediglich aus zwei konzentrischen Zylindern – einer in dem anderen. Wie sie funktionieren, erklärt man am besten anhand der Zeichnung. Zunächst legt man drei oder vier Packungsringe um die Welle. Diese werden dann zwischen der nach innen gebogenen Schulter des äußeren Zylinders und dem Ende des inneren Druckzylinders zusammengepresst. Der dafür notwendige Druck wird entweder über einen Gewindekragen aufgebracht oder – wie hier in der Abb. – mittels Schrauben, die einen hervorstehenden Flansch nach unten drücken. Das letztere ist das bessere System, weil es leichter einzustellen ist und die Gefahr verringert, die Stopfbuchse zu überlasten – selbst wenn man eine Schraube abdrehen würde.

Die Packung besteht in der Regel aus quadratisch geflochtenem Flachs. Es gibt aber auch viele aus synthetischem Material. Alle haben Vor- und Nachteile. Das Stevenrohr wird mit wasserfestem Fett geschmiert – entweder über eine Stauffer-Buchse oder eine fest montierte Fettspindelpresse – ansonsten größtenteils durch Wasser. Aus diesem Grund ist es ganz wichtig, dass eine Stopfbuchse immer ein paar Wassertropfen durchlässt. Zwei oder drei pro Minute sind genug.

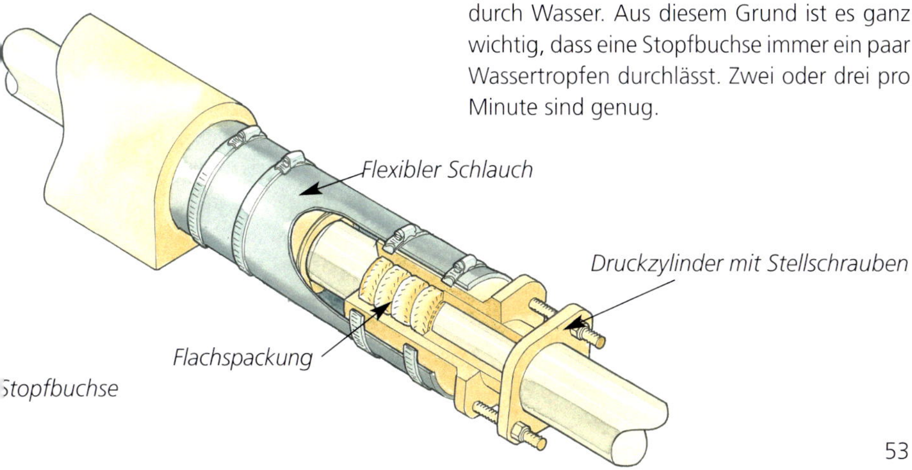

Stopfbuchse

Die Stopfbuchsen sind vielfach mit einem kurzen Gummischlauch am Stevenrohr befestigt. Dadurch kann sich die Buchse mit dem Motor bewegen und die seitlichen Bewegungen reduzieren, die sonst gefährlich werden könnten. Ein Bruch des Schlauches kann katastrophale Folgen haben. Bei den geringen Kosten ist es sinnvoll, ihn und die Schlauchschellen von Zeit zu Zeit auszuwechseln – auf jeden Fall, wenn die Welle verbogen ist.

Warnung
Stopfbuchsen dürfen nie zu stramm angezogen werden, denn dann laufen sie heiß und die Packung reibt tiefe Rillen in die Welle. Nach einer bestimmten Fahrzeit muss der Motor abgestellt und die Temperatur der Buchse kontrolliert werden. Man sollte sie anfassen können.

7.8 Moderne Wellendichtungen

Es gibt eine Reihe Alternativen zu den althergebrachten Stopfbuchsen – und man versteht leicht, warum sie immer mehr an Boden gewinnen. Sind sie installiert und eingestellt, benötigen sie viel weniger Aufmerksamkeit – und sind absolut tropffrei. Sie machen zudem nicht so viel Dreck wie die alten.

Um das Wasser draußen zu halten, arbeiten die modernen Stopfbuchsen nach einem der folgenden zwei Prinzipien.

Das erste basiert auf Manschettendichtungen, die mit den Öldichtungen an jedem Ende der Motorkurbelwelle zu vergleichen sind. Eine flexible runde Gummilippe, die in Richtung Heck gebogen ist, gleitet auf der Propellerwelle. Mithilfe des Wasserdrucks wird die Lippe auf die Welle gedrückt und wirkt so als Dichtung. Das Wasser schmiert die Dichtung. Einige Hersteller empfehlen dennoch, von Zeit zu Zeit ein wenig Fett als leichte Unterstützung zuzufügen.

Die zweite Gruppe ist bekannt als Gleitringdichtung. Bei dieser drückt ein Grafitring gegen einen Nirosta-Kranz, der sich mit der Welle dreht. Der Kontakt zwischen dem Ring und dem Kranz wird durch eine vorgespannte Gummimanschette gehalten, die wie eine Feder arbeitet. Das Schmiermittel ist auch hier Wasser.

Bei beiden Dichtungen ist es wichtig, dass sie permanent geschmiert werden. Wenn der Wasserzufluss mehr als ein paar Minuten unterbrochen ist, überhitzt die Dichtung und zerstört sich selbst. Das geschieht bei niedrigen Umdrehungen selten, weil in das Stevenrohr permanent Wasser kommt. Aber bei über 12 kn rauscht das Wasser so schnell am Ende des Stevenrohrs vorbei, dass ein Venturi-Effekt entsteht, der das Rohr trocken saugt. Die Lösung ist, Wasser von dem Seewassersystem des Motors abzuzweigen und direkt in die Stopfbuchse zu leiten.

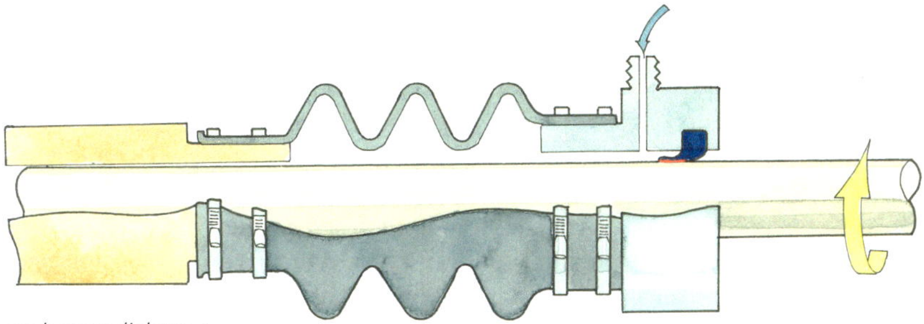

Manschettendichtung

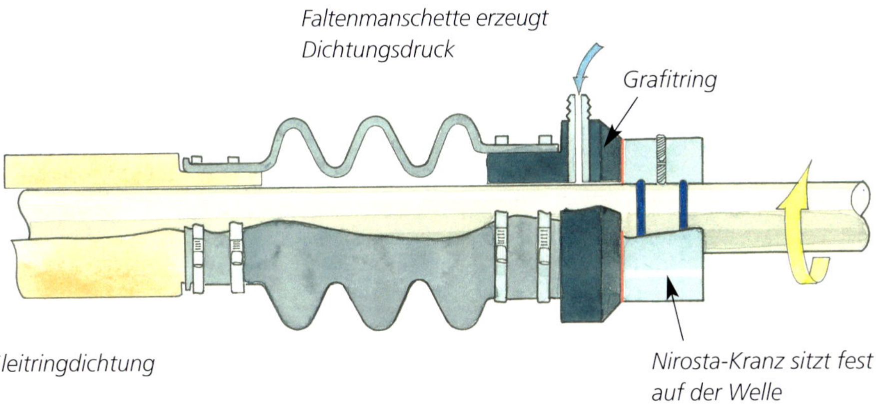

Gleitringdichtung

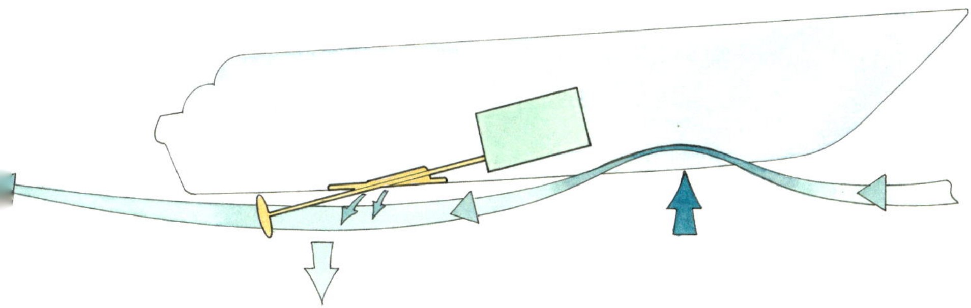

Bei schneller Fahrt kann der Venturi-Effekt das Wasser absaugen. Dann läuft die Stopfbuchse trocken.

7.9 Wellenlager

Der einzig zuverlässige Partner in diesem Bereich ist bis auf wenige Ausnahmen das wassergeschmierte Gummilager in dem Lagerbock. Ein einfacheres Teil gibt es nicht. Das Rohr aus wahlweise Bronze oder Phenolharz hat eine Nitrilgummi-Innenverkleidung mit Wellenprofil. Die Welle steht nur mit den Wellenbergen in Kontakt. Das Kühlwasser kann somit ungehindert durch die Wellentäler von vorne bis hinten durchfließen.

Abgesehen von dieser erstaunlichen Einfachheit kann dieses Wellenlager kleinere Abweichungen von der Ausrichtung des Motors ausgleichen. Unglücklicherweise wird diese Fähigkeit von Bootsbauern manchmal schamlos ausgenutzt. Das Wellenlager ist entweder in einem Wellenbock integriert oder in das Ende des Stevenrohrs. Das ist vom Gesamtkonzept des Bootes abhängig. Egal, in beiden Fällen soll es die Welle kurz vor dem Propeller unterstützen.

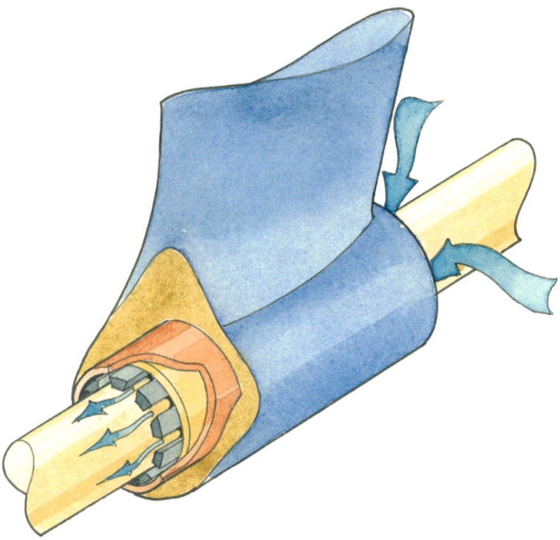

Wellenlager

7.10 Propeller

Wenn man im Zusammenhang mit Booten von Schrauben redet, sind meistens Propeller gemeint. Das liegt wohl daran, dass es Ähnlichkeiten gibt. Holzschrauben und Propeller sind spiralförmige Teile, die sich mittels Drehung durch das jeweilige Medium winden. Der große Unterschied liegt zum einen in der Methode, die sie verwenden, und zum anderen beim Medium, das sie umgibt. Holz ist ein fester und Wasser ein flüssiger Stoff. Während sich bei Holzschrauben der Halt mit zunehmender Einschraubtiefe erhöht, gibt es beim Propeller keinen ähnlich zunehmenden Vorteil. Beim Propeller ist der Vortrieb völlig abhängig von der Umdrehungszahl.

Obgleich Übereinstimmungen nützlich sein können, sollten wir sie mit Vorsicht betrachten und schauen, wie weit sie der Wirklichkeit standhalten. Betrachtet man die Propellerblätter, von denen zwei oder mehrere um eine zentrale Nabe angeordnet sind, kommt man schnell zu dem Schluss, dass jedes einzelne Blatt eher einem Segel oder Ruderblatt ähnelt als einer Schraube.

Rechtsgängiger Propeller (von hinten betrachtet)

Bevor wir tiefer in die Dynamik eintauchen, sollten wir einige Begriffe erläutern. Auf der Nabe eines Propellers steht ein einfacher Code, z. B. 15x11 RH. Das bedeutet: Der Propeller hat einen Durchmesser von 15" (inch), eine Steigung von 11" und ist rechtsgängig (im Uhrzeigersinn). Die Maße können auch metrisch sein; das sollte aber deutlich zu erkennen sein. Der Durchmesser wird durch den Kreis bestimmt, den die Flügelspitzen beschreiben. Die Steigung eines Propellers ist die Entfernung, die der Propeller bei einer Umdrehung in einem festen Medium zurücklegt. Ein linksgängiger Propeller ist einer, dessen Flügel sich bei Vorausfahrt nach Backbord bzw. – von achtern betrachtet – gegen den Uhrzeigersinn drehen.

7.11 Propellersteigung und -twist

Wir sollten die Propellersteigung etwas näher betrachten. Die meisten Propellerblätter sind nicht flach, sondern auf ihrer ganzen Länge verdreht. Bei Gesprächen über Propeller hört man häufig die Bemerkung, dass die Steigung eines Blattes an der Nabe stärker ist als an der Spitze. Was der jeweilige Redner meint, ist, dass der Blattwinkel zunimmt – und damit hat er Recht.

Das liegt daran, dass bei größerem Abstand von der Nabe auch die entsprechende Kreislinie größer wird und dass das mit dem betreffenden Teil des Flügels korrespondieren muss. Bei unserem 15"-Propeller bspw. beschreibt der Teil des Flügels, der 2" (51 mm) von der Nabe entfernt ist, bei einer Umdrehung einen Kreis von 6" (152 mm) und die Flügelspitze nahezu 24" (610 mm) – viermal so viel. Wenn beide Bereiche den gleichen Blattwinkel hätten, würde sich diese Ungleichheit als Unterschied bei dem »Vorwärtsschrauben« fortsetzen. Es wäre komisch, wenn die Flügelspitzen einen bestimmten Punkt vor dem übrigen Teil des Propellers erreichen würden. Der abnehmende Anstellwinkel sorgt dafür, dass sie gleichzeitig ankommen. Genau dieser Übergang vom kleinen zum steileren Anstellwinkel nennt man Twist – und der ist dafür verantwortlich, dass die Steigung konstant bleibt.

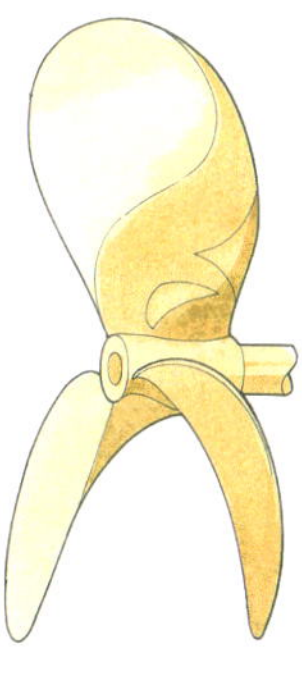

Twist

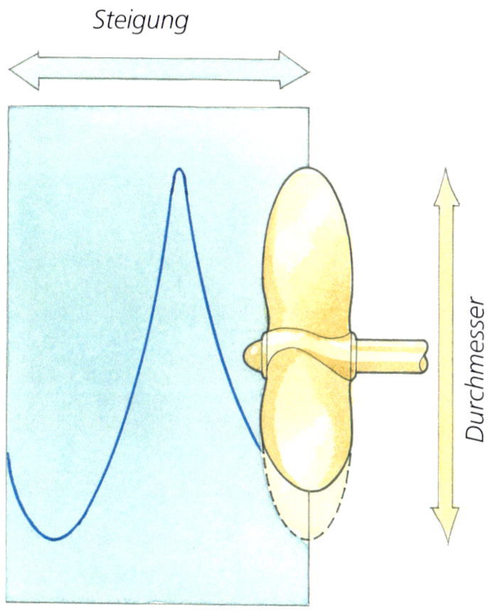

Steigung

7.12 Schlupf

Nun können wir davon ausgehen, dass der Propeller mit jeder Umdrehung das Boot um die Strecke, die durch die Steigung festgelegt ist, voranbringt. Ist das so? Nein! Wasser ist nicht wie Holz, in das man eine Schraube dreht. Es ist eine verschiebbare, zurückweichende Flüssigkeit, deren Mätzchen kaum vorhersehbar sind. Aber es gibt nicht nur schlechte Nachrichten.

Tragflächenboote funktionieren nur in einer Flüssigkeit – und so sehr sie uns auch ärgern mögen, machen sie doch eins deutlich: Propeller erzeugen beträchtlichen Vortrieb.

Das Fazit ist, dass die tatsächliche Distanz, die bei einer Umdrehung zurückgelegt wird – auch Vorschub genannt –, viel geringer ausfallen kann. Den Unterschied zwischen der berechneten Propellersteigung und dem tatsächlichen Vortrieb bezeichnet man als Schlupf und er wird in Prozenten der Steigung angegeben. Das kann nicht wenig sein. Der Schlupf einer unter Motor laufenden Segelyacht kann 50 % betragen, bei einer Motoryacht in Gleitfahrt etwa die Hälfte. Ist der Rumpf eines Bootes stark bewachsen oder ist es mit Ausrüstung überladen, kann der Schlupf dramatisch zunehmen.

Es ist sinnvoll zu versuchen, den Schlupf so weit wie möglich zu reduzieren. Ganz aufheben können wird man ihn nicht. Man wird lernen müssen, damit umzugehen – wie mit vielen Dingen beim Wassersport.

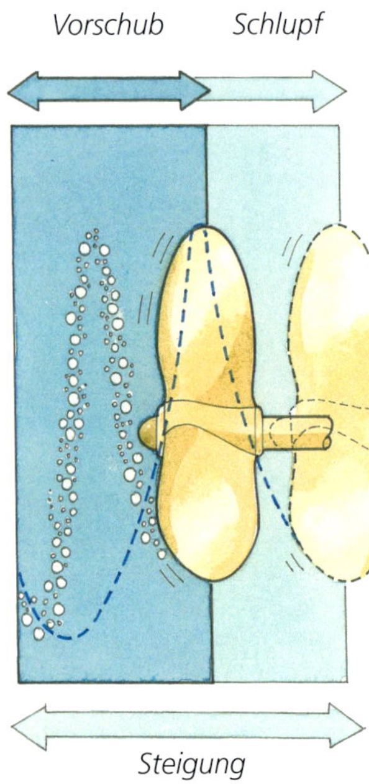

Die Effektivität eines Propeller beträgt nie 100 %. Ein Teil des theoretischen Maximums geht als Schlupf verloren.

7.13 Ventilation und Kavitation

Diese beiden Dämonen des Vortriebs werden oft verwechselt. Ventilation bedeutet, dass Luft von der Wasseroberfläche nach unten gezogen wird und das Wasser um den Propeller mit Luft anreichert. Da die Wasser-Luft-Mischung deutlich unterhalb der Dichte von Wasser liegt, nehmen die Propellerumdrehungen zu und der Vortrieb ab. Ventilation ist bei Außenbordern und Heckantrieben an der Tagesord-

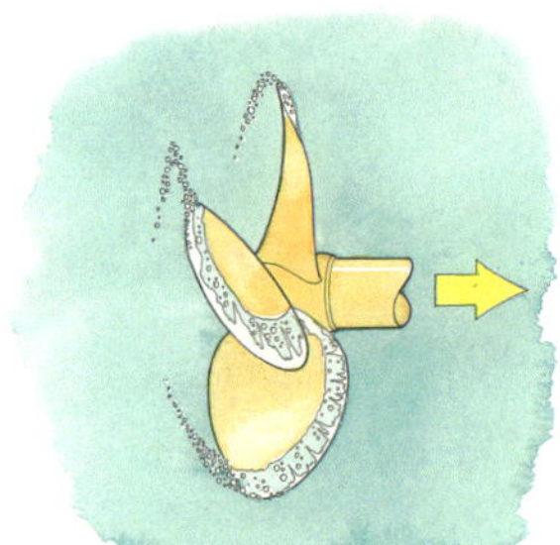

Kavitation entsteht bei Druckminderung auf der Vorderseite ...

... bei der Ventilation dagegen wird Luft von der Wasseroberfläche nach unten gezogen.

nung, kommt aber seltener bei Propellern vor, die unter dem Rumpf ausschließlich im Wasser operieren.

Kavitation ist, wenn sie auftritt, bei Weitem nicht so irritierend, obgleich die Wirkung fast die gleiche ist. Die Flügel erzeugen wenig Druck auf einer Seite – bei Propellern auf der Vorderseite. Ist der Druck zu niedrig, »kocht« das Wasser – schon bei Seewassertemperatur. Dabei entstehen Dampfblasen, die mit erstaunlicher Kraft implodieren und manchmal die Flügeloberfläche angreifen. Die Zerstörung wird als »Kavitationsfraß« bezeichnet.

Bei fast jedem Propeller entsteht Kavitation, wenn der Gashebel durchgedrückt wird. Wenn sie sich aber bei normalem Betrieb einstellt, ist entweder der Propeller beschädigt (vielleicht hat er eine Unwucht) oder zu klein oder hat eine für den Motor zu geringe Steigung.

Das führt uns zum nächsten Absatz ...

7.14 Der richtige Propeller

Das Problem, mit dem man hier konfrontiert ist, besteht darin, den besten Propeller für das eigene Boot, den Motor und die anvisierte Verwendung zu finden. Der Richtige sollte in der Lage sein, die volle Motorleistung aufs Wasser zu bringen, ohne dass der Motor aufheult. Unglücklicherweise gibt es keine einfache Formel, die alle Bedingungen berücksichtigt und befriedigt. Es gibt zu viele Variablen. Ein Propeller, der bei einer 30-Fuß-Yacht optimal funktioniert, muss nicht unbedingt bei einer anderen das Gleiche leisten – noch nicht einmal, wenn der gleiche Motor eingebaut ist und Rumpfform und Verdrängung vergleichbar sind.

Es ist nicht ungewöhnlich, dass bei Neukonstruktionen verschiedene Propeller ausprobiert werden, um den richtigen zu finden. Es lohnt sich durchzuhalten, bis man mit einer optimalen Leistung belohnt wird.

Wer vor der Aufgabe steht, einen Propeller auszuwählen, muss irgendwo beginnen. Trotz aller Bedenken sollte man zunächst die Experten, also die Hersteller und Händler, befragen. Bei einem weit verbreiteten Bootstyp haben sie die Antwort in ihrer Kartei. Wenn nicht, benötigen sie Details vom Boot. Dazu gehören: Länge und Breite in der Wasserlinie, Verdrängung, Rumpfgeschwindigkeit sowie grundsätzliche Merkmale wie Kiellänge, Gleit- oder Verdrängertyp, Ein- oder Mehrrumpfboot usw. Auch Einzelheiten des Motors wie Leistung in kW oder PS, maximale Umdrehungszahl, Über- oder Untersetzungsgetriebe, Anzahl der Motoren ... Dann muss man entscheiden, wie viele Blätter der Propeller haben soll, ob der Widerstand im Wasser normal oder niedrig sein soll, ob er feste, faltbare oder drehbare Flügel haben soll.

Nun haben Sie eine Vorstellung, wie viele Bedingungen und Möglichkeiten es gibt. Computer können helfen, sie einzugrenzen, aber am Ende des Tages hat man das Gefühl, dass alles Wissen nicht hilft, um aus dem dunklen Tunnel herauszufinden – und man am besten dem Experten traut, der die meiste Erfahrung hat.

Propeller gibt es in allen Formen und Größen. Den richtigen zu finden, ist komplizierter, als man denkt.

7.15 Falt- oder Verstellpropeller

Wir haben uns bisher mit Durchmesser und Steigung beschäftigt, aber noch nicht mit der Propellerfläche. Weil die Flügel auch gebogene Flächen wie die Segel haben, ist man versucht, sie damit direkt zu vergleichen. Das geht jedoch daneben, weil sie unterschiedlich vor den Wagen gespannt werden. Das Einzige, was man aus dem Vergleich gewinnen kann, ist die Tatsache, dass der Propeller der bessere ist, der bei einem vorgegebenen Durchmesser die größere Fläche hat.

Um Propeller mit gleichem Durchmesser zu vergleichen, ist das Verhältnis der Flügelfläche zu der theoretischen Kreisfläche des Propellers entscheidend. Dieses Propellerflächenverhältnis (DAR = Disc Area Ratio) wird in Prozenten der projizierten Flügelfläche (PF) zur vollen Kreisfläche (K) angegeben. Ist z. B. PF = 800 cm^2 und K = 1320 cm^2, beträgt DAR ca. 60 %. Klar ist: Je größer das Propellerflächenverhältnis, desto größer der »Zugriff« des Propellers im Wasser.

Ein großes Propellerflächenverhältnis kommt Motoryachten sicherlich zugute; der Widerstand, den sie haben, ist für Segelyachten jedoch eine schlechte Nachricht. Bei Propellern mit festen Blättern kann man dieses Problem nur durch kleinere Flügelflächen minimieren. Solche »Segelpropeller« mit zwei dünnen Flügeln und einem Propellerflächenverhältnis von etwa 25 % sind ein Kompromiss. Der Widerstand ist deutlich geringer, aber wie man sich denken kann, sind sie bei laufendem Motor nicht sehr effektiv, besonders in kritischen Situationen.

Eine andere Möglichkeit ist, einen Propeller zu montieren, der mit beiden Situationen klarkommt. Solche fallen in die Kategorie Falt- und Verstellpropeller. Faltpropeller haben Blät-

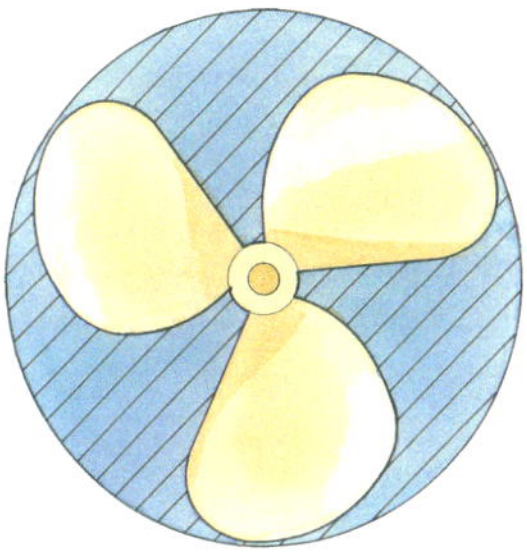

Das Propellerflächenverhältnis ist das Verhältnis zwischen der Flügelfläche und dem Kreis mit dem Propellerdurchmesser.

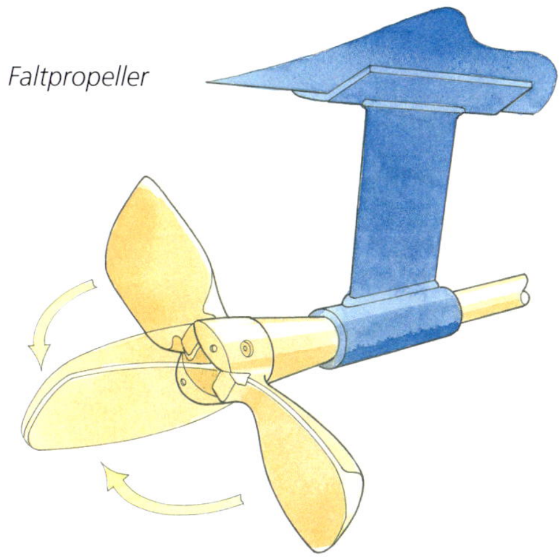

ter, die in der Wasserströmung nach hinten klappen und durch die Zentrifugalkraft, die die vom Motor in Rotation gebrachte Welle beisteuert, aufklappen.

Bei Vorausfahrt hält der Schub den Propeller offen, bei Rückwärtsfahrt nur die Zentrifugalkraft – wodurch er dann weniger effizient ist. Skipper lernen schnell, dass man nur mit erhöhter Drehzahl abbremsen kann und dass das Rückwärtseinparken in einen Liegeplatz eine unterhaltsame Erfahrung bleibt.

Verstellpropeller haben diese Probleme nicht. Sie sind vorwärts wie rückwärts gleich effizient. Steht die Welle still, passen sich die Flügel der Wasserströmung an. Sobald jedoch die Welle anfängt zu drehen – egal in welcher Richtung –, stellen sich die Flügel bis zur vorgegebenen Steigung auf. Eine nützliche Einrichtung beim Verstellpropeller ist, dass die Steigung bei der ersten Montage eingestellt werden kann.

Aber – wie bei allem: Es gibt auch Nachteile. Da die Flügel flach sein müssen, haben sie von der Nabe bis zur Spitze nicht eine konstante Steigung (s. Kap. 7.11). Das bedeutet, dass Kavitation – und die damit verbundenen Schäden – eher ein Problem bei Verstellpropellern ist.

7.16 Integrierter Antrieb

Die Zusammenfassung des gesamten Antriebssystems in eine einzige kompakte Einheit hat Vorteile. Dadurch gewinnen die Hersteller die Kontrolle über den gesamten Vortriebsprozess und können garantieren, dass in dem gesamten Kraftverlauf keine Schwachstellen sind oder unpassende Teile eingesetzt wurden. Die Bootsbauer brauchen die Einheit nur aus der Kiste zu nehmen und an der vorbereiteten Stelle einzusetzen und festzuschrauben. Der Motor, das Getriebe und der Schaft mit dem Propeller sind komplett montiert und nach ein paar Minuten einsatzfertig – ohne dass diese Teile wie bei der traditionellen Anordnung trickreich ausgerichtet werden müssen. Die Anzeigegeräte einstecken, Diesel auffüllen, Stromkabel anschließen – und schon kann's losgehen.

7.17 Z-Antrieb

Z- oder Heckantrieb findet man meist auf kleinen und mittleren Motorbooten. Egal wie die Bezeichnungen auch sein mögen, gemeint ist ein komplettes Antriebssystem, das am Heck montiert ist, dessen Antriebsschaft außerhalb und dessen Motor innerhalb des Rumpfes liegt. Wasserdichte Gummidichtungen verhindern, dass Wasser ins Bootsinnere gelangt.

Im Antriebsschaft befindet sich das Getriebe und ein System von Kegelrädern, die für Richtungsänderungen des Antriebsstranges um jeweils 90° zuständig sind. Zur Steuerung des Bootes kann dieser Schaft von einer zur anderen Seite gedreht werden. Um den Bootstrimm und somit den Fahrwiderstand des Bootes zu verändern, lässt sich die Schaftneigung nach vorne bzw. nach hinten kippen. Überflüssig zu sagen, dass das ein komplizierter Mechanismus ist und es unklug wäre, das zu vergessen.

7.18 Saildrive

Saildrive-Anlagen sind auf kleinen und mittleren Yachten als Hilfsantrieb populär. Sie sind relativ einfach, können aber weder gedreht noch gekippt werden. Der Antriebsschaft wird durch eine stabile Gummimembrane gesteckt, die die Motorvibrationen vom Rumpf abhält und dafür sorgt, dass das Wasser draußen bleibt. Einige Modelle haben eine Doppelmembrane mit einem elektronischen Wassermelder dazwischen.

Z-Antriebe und Saildrives haben ihre Schwächen. Bei beiden Systemen ist die Reibung in den Getriebeteilen stark, wodurch ein hoher Leistungsverlust entsteht. Motoren für Z-Antrieb gibt es bis 400 PS (298 kW), Saildrive-Motoren nur bis 40 PS (29 kW). Die Grenze für die Letzteren liegt eher in der Nachfrage als an den technischen Möglichkeiten. In jüngster Zeit hat ein Motorenhersteller eine Baureihe mit steuerbaren Heckantrieben und nach vorne ausgerichteten Propellern mit bis zu 750 PS (559 kW) entwickelt.

Z-Antrieb

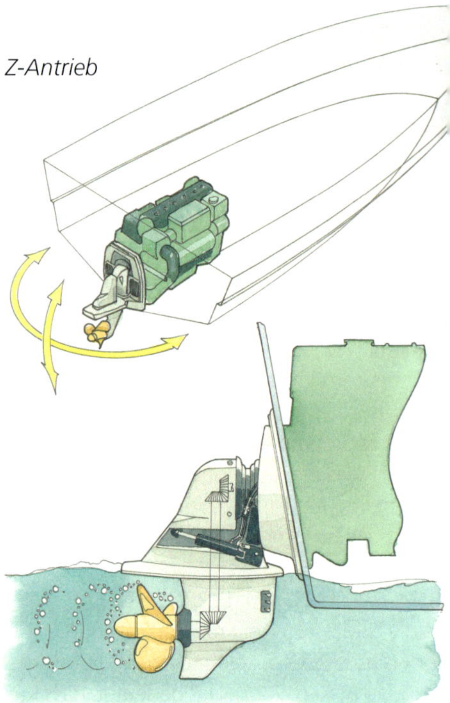

Ein Z-Antrieb eignet sich zum Steuern und Trimmen.

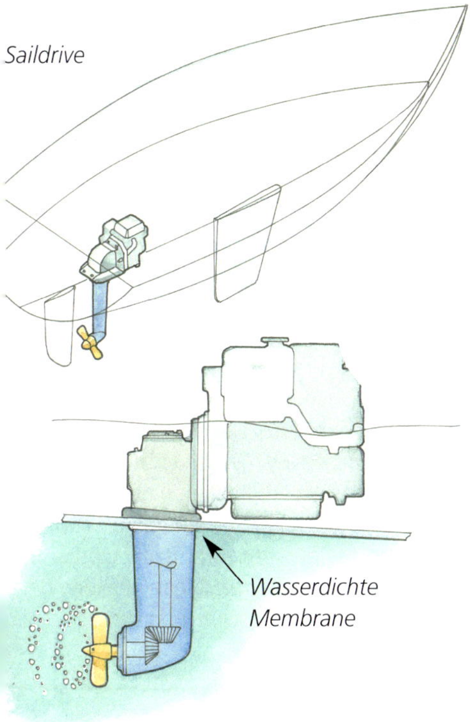

Saildrive-Anlagen dienen nicht zum Steuern.

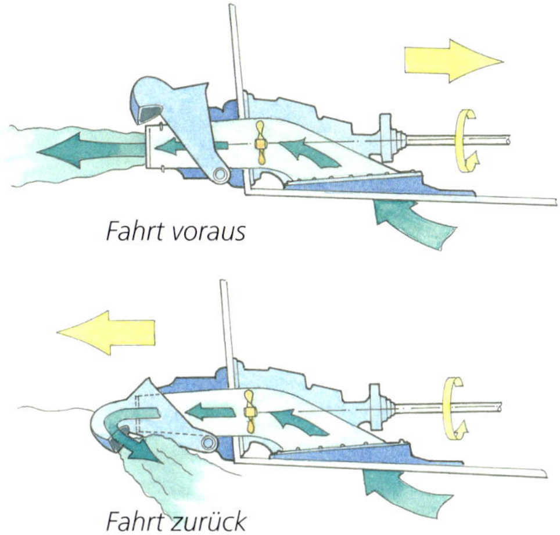

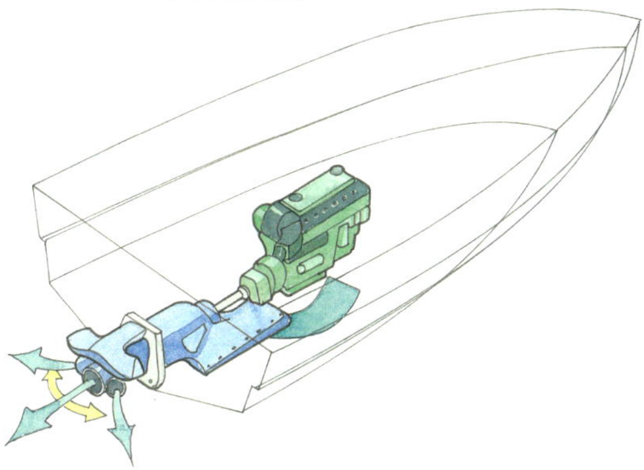

Steuern *Wasserstrahlantrieb*

7.19 Wasserstrahlantrieb

Bei diesem System heißt der Propeller Impeller, weil er nicht im offenen Wasser agiert. Er sitzt in einem Kanal, saugt Wasser durch ein Gitterrost im Schiffsboden an und spritzt es mit hoher Geschwindigkeit durch die Auslassdüse in das Wasser am Heck. Die Düse kann zur Steuerung des Schiffes hin- und hergedreht werden. Für die Achteraus-Fahrt dient eine Umlenkschaufel, die über die Auslassdüse geschoben wird und dadurch den Wasserstrahl in die Gegenrichtung – also nach vorne – lenkt. Da Wasserstrahlantriebe keinen zusätzlichen Tiefgang beanspruchen, eignen sie sich besonders für flache Gewässer, und weil sie keinen exponierten Propeller haben, sind sie besonders ideal für Rettungs- und Taucheinsätze geeignet.

Warnung

Die Gehäuse von Z-Antrieben und Saildrives sind vornehmlich aus Aluminium und somit besonders korrosionsgefährdet. Damit der Kathodenschutz immer vorhanden ist, sollten die Zinkanoden häufig ausgetauscht werden.

8 Motorschaltung

Da die Motoren größer geworden sind, hat man ausgeklügeltere Bedienungssysteme entwickelt. Obgleich es noch immer offene Boote gibt, bei denen die Ganghebel durch den Cockpitboden gesteckt sind, lehnen die meisten von uns solch einfache Installationen ab, weil der Motor und die Steuerposition vielfach weit auseinanderliegen. Bei vielen Booten wie z. B. Motoryachten mit Flybridge und Segelyachten mit Decksalon gibt es in der Regel zwei Steuerstände mit den entsprechenden Bedienungshebeln.

Zu einem kompletten Steuerstand gehören die Möglichkeiten, den Motor anzulassen und abzustellen, den gewünschten Gang einzulegen und den Gashebel zu bedienen. Bei Booten mit Heckantrieb muss auch eine Steueranlage vorhanden sein, mit der man die Schubrichtung am Heck verändern kann, und ein Regler, mit dem man den Schaftwinkel verkleinern oder vergrößern kann, um das Boot auszutrimmen.

Die Kommunikation zwischen Rudergänger und dem Motor kann man auf unterschiedlichen Wegen erreichen: über Bowdenzüge, hydraulische Leitungen oder elektronisch. Oft sieht man eine Mischung dieser Methoden. Selbst bei dem kleinsten Boot wird der Motor zumeist elektrisch gestartet und abgestellt und der Gang und der Gashebel über Bowdenzüge eingestellt. Bei Heckantrieben findet man in der Regel elektrische Pumpen für die hydraulischen Trimmzylinder und Bowdenzüge für die ebenfalls hydraulische Servolenkung. Der Reiz der hydraulischen und elektronischen Systeme liegt auf der Hand. Dünne Rohre oder elektrische Leitungen in einem Boot zu verlegen ist viel einfacher, als einen Weg für dicke Kabel zu finden, die auf keinen Fall scheuern dürfen. Bei sehr großen Yachten liegen die Motoren und die Steuerstände mehrere Meter auseinander und auf verschiedenen Ebenen. Dadurch sind rein mechanische Verbindungen praktisch unmöglich.

Kabelsystem

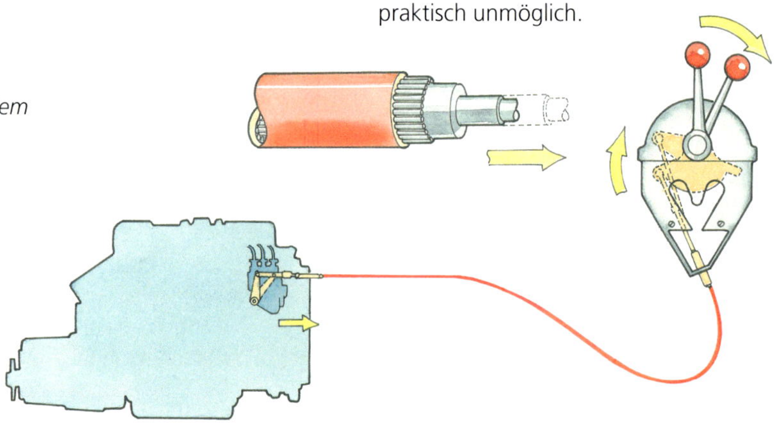

Viele dieser fortschrittlichen Systeme sind für fast die meisten Bootseigner unergründlich – mit Ausnahme der Experten. Tritt ein Fehler auf, können wir nicht viel tun, um ihn zu beheben. Aber für jene, die eine gewohnt demütige Haltung gegenüber dem Bootfahren haben, ist es beruhigend zu wissen, dass Hebel mit Kabelzügen noch bei Weitem die häufigsten und somit zuverlässigsten sind.

8.1 Kabelsysteme

Der Bowdenzug – so nach seinem Erfinder benannt – besteht aus zwei Drähten – einem inneren und einem äußeren. Die Hülle wird an beiden Enden festgeklemmt und das innere Kabel kann sich in der Hülle bewegen und eine mechanische Aktion übertragen. Die meisten kennen den Bowdenzug vom Fahrrad als Übertragungsmedium zwischen Bremshebel am Lenker und Bremsbacken am Vorder- bzw. Hinterrad. Beim Fahrrad wirkt der Bowdenzug aber ausschließlich, wenn man an ihm zieht. Die viel steiferen Innenkabel der Bowdenzüge bei Booten eignen sich dagegen ebenso zur Übertragung von Stoßbewegungen.

Auf den meisten Booten braucht man zwei Kabel – gelegentlich ein drittes zum Abstellen des Motors. Der eine Bowdenzug bedient das Getriebe, der zweite den Gashebel. Früher gab es auf jeder Schaltkonsole zwei Hebel, den einen für den Gang und den anderen fürs Gas. Heute werden mit nur einem Hebel Gang und Gas bedient.

Wenngleich nicht notwendig, hat sich dennoch durchgesetzt, dass die aufrechte Stellung des Schalthebels auf der Konsole zeigt, dass das Getriebe in Neutralstellung ist. Drückt man den Hebel gegen einen kleinen Widerstand nach vorne, kuppelt das Getriebe in den Vorwärtsgang ein und der Propeller beginnt, mit der geringsten Umdrehungszahl zu drehen. Um die zu erhöhen, muss man den Hebel, der jetzt ein reiner Gashebel ist, weiter nach vorne drücken – und zwar so lange, bis man die gewünschte Geschwindigkeit erreicht hat.

Den Rückwärtsgang legt man in ähnlicher Weise ein, indem man den Hebel nach achtern drückt. Steht der Hebel in der Neutralstellung, kann man ihn axial zur Seite ziehen oder einen Kupplungsknopf drücken. So kann man den Gang ausschalten und die Motordrehzahl durch Schieben oder Ziehen am Hebel erhöhen.

Zweifacher Steuerstand

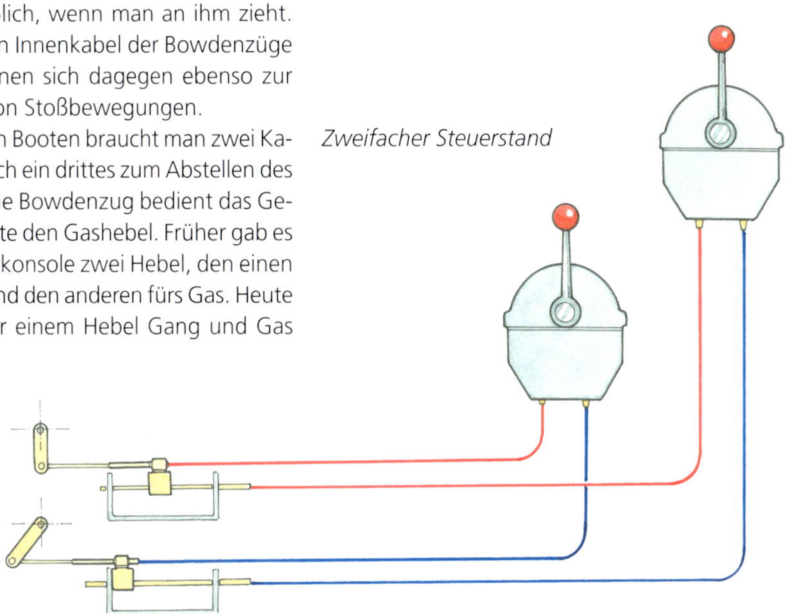

8.2 Zwei Steuerstände

Auf den ersten Blick scheint es bei zwei Steuerständen keine Probleme zu geben: Man zieht zwei getrennte Kabelsätze von den Schaltkonsolen der beiden Steuerstände zu den entsprechenden Anschlüssen am Motor bzw. Getriebe. Unglücklicherweise ist das nicht ganz so einfach. Da Unstimmigkeiten zwischen Mitmenschen unerwartete Folgen haben können, ist es für alle Fälle sicherer für alle an Bord, wenn nur ein einziger Rudergänger für die Führung der Yacht zuständig ist. Das heißt, dass, wenn der Steuerstand auf der Flybridge aktiv besetzt ist, der im Ruderhaus abgeschaltet sein sollte.

Die Illustration zeigt eine typische Installation. Die Getriebe- und Gasseilzüge von beiden Steuerständen gehen zur »Auswahleinheit«, von welcher nur eine einzige Schaltstellung weitergeleitet wird. Wenn beide Schalthebel auf Neutral stehen, kann der erste davon ausgehen, dass er die Leitung übernimmt. Der zweite bleibt inaktiv.

Um die Steuerstände umzuschalten, muss der derzeitige Steuerstand zurück auf Neutral gestellt werden, bevor der andere übernehmen kann.

Offensichtlich sind solche Anlagen bezüglich ihrer mechanischen Ausführung recht kompliziert, obwohl die Auswahleinheit eigentlich ein überraschend einfaches Teil mit nur einer Handvoll Riegeln und Hebeln ist. Sie können jedoch nicht verhindern, dass noch mehr Reibung in dem dafür bereits anfälligen System entsteht. Wenn mehrere Steuerstände geplant sind – egal ob mit hydraulischen oder elektronischen Systemen –, stoßen sie immer wieder an ihre Grenzen.

9 Anlassen und Abstellen des Motors

9.1 Kontrolle vor dem Start

- Vergewissern Sie sich, dass nichts im Wasser herumtreibt, das in den Propeller geraten kann. Muringleinen sieht man leicht, aber Angelschnüre oder Dingileinen sind nicht so leicht zu erkennen.
- Kontrollieren Sie, ob genug Diesel im Kraftstofftank ist und alle Leitungsventile offen sind.
- Überprüfen Sie den Motorölstand und füllen Sie ggf. Öl nach.
- Schauen Sie nach, ob genug Frischwasser im Kühlsystem ist – entweder am Deckel oder am Ausdehnungsgefäß. Und weil Sie schon mal dort sind – überprüfen Sie auch, ob die verschiedenen Keilriemen nachgespannt werden müssen.
- Öffnen Sie das Seewasserventil.
- Sofern der Auspuff einen Stopfen hat, muss er entfernt werden. Ist dort ein Ventil, muss es geöffnet werden.

9.2 Starten

- Drehen Sie den Batteriehauptschalter auf ON.
- Gibt es einen Motorraumlüfter, sollte er etwa vier Minuten laufen und dann kurz vor dem Motorstart abgeschaltet werden, um den Stromverbrauch beim Start zu senken.
- Stellen Sie den Ganghebel auf Neutral, um das Getriebe auszukuppeln (s. Kap. 8.1)

und drücken Sie ihn dann etwa ein Drittel nach vorne.

- Drehen Sie den Startschlüssel auf ON.
- In dieser Situation gibt es bei Motoren mit Glühkerzen oder Luftvorwärmern mehrere Möglichkeiten. Einige haben einen Knopf, den man 30 bis 60 Sekunden lang drücken muss (je nach Lufttemperatur), um dann anschließend gleichzeitig den Startknopf zu drücken. Wenn der Motor anspringt, müssen beide Knöpfe sofort losgelassen werden. Andere Motoren haben eine Kaltstarteinrichtung, die funktioniert, wenn man den Schlüssel in die erste Position dreht, damit das Motorrelais unter Strom steht. Dann dreht man den Schlüssel eine Stellung weiter (in der Regel nach rechts), damit der Anlasser rotiert und der Motor anspringt. Es ist ganz wichtig, die Bedienungsanleitung zu studieren und sich mit der korrekten Startprozedur vertraut zu machen.

Warnung
Drehen Sie den Anlasser nicht länger als 15 Sekunden. Er überhitzt leicht. Bis zum nächsten Startversuch dann 15 Sekunden warten, damit der Anlasser abkühlt.

Warnung
Bei lang anhaltendem Drehen kann Wasser in den Motor gelangen. Die Wasserpumpe zieht Seewasser in das Kühlsystem, und da der Auspuff nicht freigeblasen wird, kann es über die Auspuffventile in die Zylinder gelangen. Im Zweifelsfall das Seeventil schließen – aber nicht vergessen es zu öffnen, wenn der Motor anspringt!

9.3 Kontrolle nach einigen Umdrehungen

- Ist der Motor gestartet, sollte der Gashebel nicht durchgedrückt bzw. sofort flott gefahren werden. Der Verschleiß ist am größten, wenn der Motor kalt ist. Man sollte den Motor etwa zehn Minuten warmlaufen lassen, damit sich das Motoröl durch das ganze Schmiersystem verteilen kann. Das ist besonders wichtig bei Motoren mit Turboladern, bei dem die Motorlager und die der Turbolader besonders hohen Belastungen ausgesetzt sind. Kurze Kontrollen zwischendurch geben die Gewissheit, dass alles in Ordnung ist.
- Mit einem Blick übers Heck kann man feststellen, ob permanent ausreichend Kühlwasser aus dem Auspuff kommt. Einige Anlagen haben eine Kühlwassertemperaturanzeige, die ständig steigen sollte, bis der Motor die im Handbuch vorgegebene Betriebstemperatur erreicht hat. Alle Motoren sollten einen Alarmgeber haben, der anspringt, wenn die sicheren Marken überschritten werden.

Warnung
Gibt es ein Problem mit dem Öldruck, der Batterieladung oder dem Kühlsystem, stellen Sie den Motor sofort ab. Dann muss alles getan werden, um das Problem zu lösen.

9.4 Abstellen des Motors

- Stellen Sie den Ganghebel auf Neutral und den Gashebel in Leerlaufstellung.
- Lassen Sie den Motor noch einige Minuten laufen, damit er abkühlt.
- Stoppen Sie den Motor, aber lesen Sie zuvor die Betriebsanleitung!! Es gibt nämlich verschiedene Methoden, den Motor abzu-

stellen. Die falsche könnte schwer ans Portemonnaie gehen. Bei einigen Maschinen dreht man den Schlüssel einfach nach links wie beim Auto. Bei anderen muss man an einem Knebel ziehen, der über ein Kabel mit dem Abstellhebel an der Einspritzpumpe verbunden ist. Es kann auch sein, dass Sie an der Paneele einen »Stopp-Knopf« haben (vielfach rot), den man so lange drücken muss, bis der Motor stillsteht. In den beiden zuletzt genannten Fällen muss zuerst der Motor stoppen, bevor man den Schlüssel zurückdreht. Beachtet man das nicht, kann die Lichtmaschine schwer beschädigt werden.

- Bleibt das Boot längere Zeit unbenutzt, schaltet man die Motorstromversorgung ab und schließt die See- und Kraftstoffventile.

9.5 Der Motor springt nicht an

Ist der Stopphebel zurückgesetzt?

Nein — Ja

1. Steht der Batteriehauptschalter auf ON?
2. Ist die Sicherung durchgebrannt oder der Stromkreisabschalter betätigt?
3. Ist die Batterie völlig leer?
4. Sitzen die Kabel fest auf den Batteriekontakten?
5. Ist der Minuspol der Batterie sicher mit dem Motorblock verbunden?

1. Den Motor zu starten, ist recht simpel. Trotzdem werden dabei leicht Fehler gemacht. Normalerweise gibt es einen Schalter im Pluskabel des Stromkreises. Bei vielen europäischen Booten wird aber auch die negative Seite unterbrochen. Dann müssen beim Start beide geschaltet werden.
2. Die Motorsicherungen sind nicht immer leicht zu finden. Es könnte einen Sicherungskasten irgendwo auf dem Motorblock geben oder – eine eher lächerliche Praxis bei einigen Motoren – unter der Isolierung eines Kabels versteckt sein. Da hilft es nur, in die Betriebsanleitung zu schauen.
3. Die Batteriespannung muss nicht erst bei null sein, damit die Batterie nutzlos ist. Eine vollgeladene 12-V-Batterie zeigt etwa 12,8 V. Mit der Zeit fällt die Spannungsanzeige auf 10,5 V. Dann ist sie effektiv platt. Wenn in dem Stromversorgungssystem ein Voltmeter oder Batterie-Überwachungsinstrument eingebaut ist, kann man den Z stand der Batterie schnell feststellen. A sonsten muss man auf einen Säureheb oder ein tragbares Mehrbereich-Messin trument (Multimeter) zurückgreifen.
4. Der Motor braucht beim Start viel Stro Stromverlust durch korrodierte oder lo Kontakte kann dazu führen, dass die Ba terie total versagt. Überprüfen Sie, ob es gendwo Korrosion gibt und ob die Po klemmen fest auf den Batteriekontakt sitzen.
5. Das Gleiche gilt für das Minuskabel von d Batterie zum Motorblock. Vibrationen kö nen leicht die Verbindung lösen. Desha müssen die Polklemmen sauber und mit ner Mutter mit Sicherung festgeschrau sein.
6. Anlasser verbrauchen eine Menge Stro Damit man keine dicken Kabel von d Startbatterie zum Anlasser ziehen mu

Hört man ein Klicken am Motor?

Ja

Nein

. Kontrollieren Sie das Starterrelais und die Verkabelung
. Ist die Magnetspule defekt?
. Hat das Zündschloss einen Fehler?
. Ist die Batteriespannung zu gering?

Nur ein einmaliges leises Klick?

10. Das Getriebe ist eingeschaltet
11. Der Motor hat sich festgefressen oder hat Wasser in den Zylindern
12. Der Anlasser klemmt im Schwungrad
13. Der Antriebsritzel sitzt auf der Anlasserachse fest
14. Der Anlasser oder die Magnetspule haben einen Fehler

Lautes und schnelles Klicken?

15. Die Batterie ist platt
16. Lose oder korrodierte Kontakte
17. Schadhafter Batterieschalter

wird als zweiter Schalter ein Relais eingesetzt. Beim Drehen des Zündschlüssels wird das Relais aktiviert, das dann anschließend den Stromkreis schließt, der für das Drehen des Anlassers zuständig ist. Relais sind Teile, die nicht repariert, sondern nur ausgetauscht werden.

Anlasser klemmen manchmal. Oft können sie bei eingeschalteter Zündung mit leichten Schlägen gelöst werden. »Leicht« bedeutet: Keine harten Hammerschläge!

Zündschlösser mit Schlüssel neigen stark zu Ausfällen. Anlasserknöpfe sind viel zuverlässiger. Das Zündschloss kann – wie auf S. 99 dargestellt – durch Verbinden der Anlasserkontakte überbrückt werden.

Wenn die Lampen im Salon beim Motorstart schwächer werden, kann man sicher sein, dass die Batterien nur schwach geladen sind. Dann sollte man bei weiteren Startversuchen alle Verbraucher abschalten, damit dem Anlasser mehr Strom zur Verfügung steht.

10. Viele Motoren starten trotz eingelegtem Gang. Ist jedoch der Propeller blockiert, ist der Widerstand zu groß.
11. Ist nur kurz Wasser im Motor gewesen, kann es gelingen, eine teure Reparatur zu vermeiden. War die Zeit zu lang, muss man davon ausgehen, dass eine komplette Überholung notwendig wird.

12., 13. und 14.

Der Anlasser sollte abmontiert, das Ritzel gängig gemacht oder alles zur Reparatur gebracht werden.

15. Kann der Motor nicht mit einer Handkurbel gestartet werden, gibt es keine andere Chance, als nach Möglichkeiten zu suchen, die Batterie zu laden.
16. Reinigen und festziehen wie erforderlich.
17. Überbrücken oder ersetzen.

9.6 Der Motor dreht, aber will nicht anspringen

Ist der Stopphebel zurückgesetzt?

Dreht der Motor zum Starten schnell genug?

Nein — Ja

1. Niedrige Batteriespannung
2. Defekte Batterie
3. Fehlerhafte elektrische Verbindungen
4. Störung im Batteriehauptschalter
5. Defekter Anlasser
6. Teilweise blockierter Motor oder Getriebe

1., 2. und 3.
Beim Starten des Motors ist es wichtig, dass er schnell dreht. Da die Anlassdrehung elektrisch aufgebracht wird, sollte man, bevor man andere dramatische Dinge vermutet, zuerst dort nach den Ursachen suchen, warum er nicht anspringt. Die Wartung der Batterien wird im Kap. 12.14 (S. 96) behandelt. Wenn sich Ihre Batterien so weit verschlechtert haben, dass sie keine Ladung mehr halten, ist die einzige Lösung, sie auszutauschen.
Es gibt jedoch eine Reihe von Tricks, wie Sie die Schwierigkeiten überbrücken können: Hat der Motor Dekompressionshebel, öffnet man sie, bis der Motor schnell genug gedreht wird. Schließt man sie dann schnell, sollte der Motor anspringen. Segelyachten mit handgeschalteten, mechanischen (nicht hydraulischen) Getrieben können den Ganghebel auf Neutral stellen, damit der Propeller frei drehen kann, dann den Startknopf drücken und gleichzeitig den Vorwärtsgang einlegen.

4. Trennschalter wie der Batteriehauptschalter sind von Natur aus robust, aber Verschleiß und Funken können die inneren Kontakte beschädigen und dadurch den Widerstand vergrößern. Da hilft nur ein Austausch. Eine kurzfristige Lösung wäre, den Schalter aus dem Stromkreis zu entfernen. Dazu muss man beide Kabelpole auf denselben Kontakt auf der Rückseite des Schalters klemmen.
5. Die Erregerwicklungen können brechen, die Lager ausschlagen oder einzelne Kugeln sich festfressen. Wenn der Anlasser so heiß wird, dass man ihn nicht mehr anfassen kann, ist das ein sicheres Zeichen dafür, dass er eine Menge Strom zieht und ernsthaft kränkelt. Er sollte überholt oder ausgetauscht werden.
6. Zeitpunkt für eine Überholung.
7. Kraftstofftanks leeren sich bei laufendem

Kommt Kraftstoff zu den Einspritzdüsen?

Nein

7. Ist der Dieseltank leer?
8. Ist das Kraftstoffventil offen?
9. Das Kraftstoffsystem ist verstopft
10. Der Gashebel an der Einspritzpumpe klemmt
11. Die Einspritzpumpe ist defekt
12. Luft im Kraftstoffsystem

Ja

13. Glühkerze (soweit vorhanden) defekt?
14. Nicht ausreichend Kompression?
15. Bruch eines mechanischen Teils im Motor?
16. Steuerkette gerissen?
17. Luftfilter verstopft?
18. Ausgefallene Einspritzdüsen?
19. Einspritzzeitpunkt falsch?

Motor. Wenn man aber plötzlich entdeckt, dass er ganz leer ist, schauen Sie nach, ob der Diesel durch ein Loch in die Bilge geflossen ist. Hat man die Ursache gefunden und alles wieder in Ordnung gebracht, muss man den Motor entlüften, damit er wieder anspringt. Dazu mehr im Kap. 12.4 (S. 84/85).

8. Ventil prüfen
9. Ursachen für Verstopfungen gibt es viele. Sie werden ausführlicher im Kap. 2 behandelt. Kontrollieren Sie zunächst den Vorfilter und schauen Sie, ob irgendwelche Ablagerungen in der Schale sind.
10. und 11.
    Dies sind Probleme für den Fachmann. Schauen Sie sich nach Hilfe um.
12. Siehe Kap. 12.4 (S. 84/85).
13. Der Motor ist zu kalt. Sie haben vielleicht mehr Glück zur wärmeren Tageszeit – oder Sie müssen den Motor vorsichtig mit warmem Wasser aufwärmen.
14. Nehmen Sie den Luftfilter ab und spritzen mehrmals Motoröl so tief wie möglich in den Ansaugkrümmer. Das Ziel ist, dass das Öl langsam an den Zylinderwänden nach unten läuft und hilft, die Kolbenringe abzudichten. Übertreiben Sie es nicht mit den Spritzern. Weil Öl sich nicht zusammendrücken lässt, können große Mengen den Motor zerstören. Sobald der Motor zündet, muss der Filter wieder aufgesetzt werden.
15. und 16.
    Zeit, den Fachmann anzurufen.
17. Wieder aufsetzen oder reinigen (s. Kap. 12.16, S. 97).
18. Wieder einsetzen oder zum Service schicken.
19. Schauen Sie in die Betriebsanleitung. Das Einstellen kann bei einigen Motoren sehr einfach sein. Im Zweifelsfall den Fachmann herbeirufen.

10 Diagnose und Fehlersuche

Fast jeder Motor hat eine Vorrichtung, die warnt, wenn etwas nicht in Ordnung ist. Dazu zählen Anzeiger für Öldruck, Kühlwassertemperatur und ein Voltmeter für die Ladespannung oder einfache Lichter und Summer, die aktiv werden, wenn ein Schwellenwert überschritten wird. Ebenso wichtig wie diese elektrischen Wächter sind des Skippers Sinne. Dazu zählen Augen, Ohren und Nase. Die ersten beiden sind die allerwichtigsten, denn wenn man die ersten Zeichen übersieht, kann der Motor gefährlich überhitzen.

Der Qualm aus dem Auspuff kann Ihnen einiges über den Zustand des Motors sagen.

10.1 Qualm am Auspuff

Schwarzer oder grauer Auspuffqualm entsteht, wenn der Kraftstoff ungenügend verbrennt. Oft enthält er Ruß, der sich als schmutzige Flecken auf dem Wasser absetzt. Machen Sie nicht sofort den Motor dafür verantwortlich, sondern gehen Sie zunächst anderen Gründen nach.

- Zu große Belastung des Motors. Wenn man z. B. beim Anfahren aus dem Stillstand plötzlich brutal den Gashebel durchdrückt, kann schwarzer Qualm entstehen. Oder ...
- ein dreckiger Rumpf mit starkem Bewuchs erzeugt viel Widerstand. Das gilt auch fürs Schleppen eines anderen Bootes. Oder ...
- zu große oder steile Propeller. Der Motor muss sich »abstrampeln«, um ihn zu drehen. Oder ...
- ein beschädigter Propeller. Wenn er plötzlich langsamer wird, ist das häufig die Ursache. Oder ...
- verschmutzte Luftfilter. Der Motor kann nicht »tief genug durchatmen«. Oder ...
- die Belüftung des Motorraums ist eingeschränkt. Irgendwelche Teile können die Luftzugänge zum Motor teilweise oder ganz verstopfen.
- Der Turbolader ist ausgefallen. Dann gelangt nicht ausreichend Luft in die Zylinder.

- Eine Verengung des Auspuffsystems verursacht starken Gegendruck. Vielleicht ist daran ein zusammengefallenes Auspuffrohr oder ein nicht ganz offenes Seeventil Schuld.
- Fehlerhafte Einspritzdüsen oder nicht richtig funktionierende Einspritzpumpe. Gehen Sie zuerst alle anderen Möglichkeiten durch, bevor Sie zu dem Schluss kommen, dass diese Teile die Verursacher sein könnten. Alles Weitere wäre Sache der Profis.

Blauer Qualm entsteht, wenn Motoröl verbrennt, das in die Verbrennungskammern gekommen ist, weil Komponenten abgenutzt sind. Mögliche Gründe sind:

- Ausgeschlagene Ventilführungen
- Abgeriebene oder festgefressene Kolbenringe
- Die Öldichtung des Turboladers ist gebrochen. Schmieröl gelangt dann in die heißen Auspuffgase.
- Die Ölwanne ist zu voll.
- Zu hoher Druck in der Ölwanne wegen eines blockierten Luftventils
- Der Thermostat klemmt. Dadurch läuft der Motor unter seiner Betriebstemperatur.

Weißer Qualm, der fast ausschließlich aus Wasserdampf besteht, ist ganz normal, wenn der Motor startet. Wenn das aber mehr als ein paar Minuten anhält, könnte etwas mit dem Motor nicht stimmen.

- Wasser im Kraftstoff – sehr wahrscheinlich, wenn der Motor unregelmäßig läuft.
- Riss im Zylinderkopf
- Undichte Zylinderkopfdichtung. Kühlwasser tritt aus und gelangt in die Verbrennungskammer.
- Riss im Auspuffkrümmer

10.2 Rütteln, Klappern und Rollgeräusche

Obgleich es bestimmt möglich ist, dass starke Vibrationen vom Motor kommen, gibt es eine Reihe anderer Gründe dafür.

- Eine krumme Propellerwelle
- Ein beschädigter Propeller, der einen Flügel verloren hat – wie es leicht bei Falt- oder Drehflügelpropellern vorkommt. Dieses und ein Schlag in der Propellerwelle passieren leicht, wenn Treibgut oder Leinen in den Propeller geraten.
- Eine gebrochene Motorstütze
- Loser Wellenflansch
- Lose Wellenanode
- Gebrochenes Wellenlager. Das geschieht selten als plötzliche Katastrophe, weil es sich rechtzeitig ankündigt.
- Schäden im Inneren des Motors, wie z. B. das Ende von Kugellagern oder Ventilen. Das ist aber gut zu hören.

10.3 Leistungsabfall

- Seepocken oder Bewuchs am Rumpf oder am Propeller. Selbst wenige Seepocken an den Propellerflügeln können die Leistung schon beträchtlich einschränken. Der Verlust an Vortrieb kann sehr dramatisch sein.
- Beschädigter Propeller. Vielleicht ist ein Flügel abgebrochen.
- Ausfall des Turboladers oder angesammelter Dreck
- Verstopfung des Kraftstoffsystems. Kontrollieren Sie, ob der Vorfilter sauber ist. Vielleicht sind Sie »Dieselwanzen« zum Opfer gefallen (s. Kap. 2.4, S. 16/17).

- Der Gaszug drückt den Gashebel nicht ganz durch. Vielleicht ist er gebrochen oder hat sich an der Klemme am Motor durch Vibrationen gelöst.
- Der Motor muss dringend überholt werden.
- Bei Booten mit Heckantrieb oder Saildrive kann der Propeller rutschen.

10.4 Der Motor stottert oder stirbt ab

- Kein Kraftstoff mehr. Entweder falsch geplant oder die Anzeige ist defekt.
- Das Kraftstoffventil ist geschlossen – vielleicht nur halb.
- Ganz oder teilweise verstopfte Filter
- Kraftstoffleitung blockiert. Wieder die »Dieselwanzen«?
- Wasser im Kraftstoff
- Kraftstoffpumpe defekt. Vielleicht ist ein Riss in der Membrane.
- Luft im Kraftstoff. Vielleicht ist eine Verbindung lose oder es gibt irgendwo eine leckende Dichtung.
- Tankbelüftung verdreckt oder verstopft, wodurch ein Unterdruck im Tank entsteht.
- Riss in der Kraftstoffleitung
- Starker Bewuchs am Propeller oder dieser ist beschädigt

Mögliche mechanische Ursachen

- Teilweise angefressene Lager durch Ölverlust oder Überhitzung
- Vielleicht eine gebrochene Ventilfeder. Das ist gut und laut zu hören.
- Ein Loch im Kolbenkopf
- Probleme der Einspritzpumpe
- Schaden am Turbolader. Gut zu erkennen an schwarzem Auspuffqualm.

10.5 Überhitzungsalarm ertönt

Bei den ersten Alarmtönen sofort die Drehzahl verringern und nachschauen, ob genügend Kühlwasser aus dem Auspuff kommt. Dann den Motor abstellen.

Kommt kein Wasser aus dem Auspuff, kann es folgende Ursachen haben:

- Das Seeventil ist teilweise oder ganz geschlossen.
- Ganz oder teilweise verstopfter Seewassereinlauf oder -sieb außen an der Bordwand
- Plastiktüte über dem Saildrive-Arm oder vor einem Seeventil
- Ein Luftloch in der Seefilterdichtung. Dadurch Verlust der Saugwirkung und schnelle Überhitzung des Motors.
- Impeller in der Seewasserpumpe defekt
- Ein Riss in den Kühlwasserschläuchen

Wenn ausreichend Kühlwasser aus dem Auspuff kommt, könnte es folgende Ursachen haben:

- Der Thermostat klemmt und öffnet nicht.
- Verlust von Wasser im Frischwasserkreislauf. Das kann an einem Schlauch, dem Wärmetauscher oder einer am Motor angeschlossenen Heizung liegen. (Seien Sie bei Ihren Nachforschungen sehr vorsichtig, denn das Wasser kann kochend heiß sein.)
- Schlaffer oder gerissener Keilriemen. Treibt er auch eine Lichtmaschine an, sollten ein Alarm oder eine flackernde Batterielampe Sie warnen.

10.6 Öldrucklampe leuchtet oder Warnsignal ertönt

Zögern Sie nicht, den Motor sofort abzustellen. Gehen Sie sofort folgenden möglichen Ursachen auf den Grund:

- Motor verliert Öl.
- Motorölstand zu gering
- Ist der Dekompressionshebel geschlossen?
- Defekter Drehzahlregler oder falsch eingestellter Bowdenzug
- Bruch der Kurbelwellen-Hauptlager
- Riss im Ölkühler

10.7 Ladekontrollalarm ertönt

Motor abstellen und Nachforschungen anstellen. Die häufigste Ursache ist ein gebrochener Keilriemen, der auch die Wasserpumpe antreibt. Dann steigt die Wassertemperatur enorm schnell an, der Motor überhitzt und das Auspuffsystem kann durch die heißen Abgase ernsthaft beschädigt werden.

- Gebrochener oder zu schlaffer Keilriemen
- Defekte Lichtmaschine
- Der Strom zu den Feldwicklungen in der Lichtmaschine ist unterbrochen.
- Kabelfehler oder Kurzschluss
- Die Glühkerze schaltet nicht ab.

11 Wartung

Es braucht nicht erwähnt zu werden, dass man nur dann vom Motor Höchstleistungen über Jahre erwarten kann, wenn er regelmäßig sorgfältig gewartet wird. Aber was beinhaltet gute Pflege – und wie häufig sind die einzelnen Wartungen auszuführen?

Gut – es gibt ein paar Bedingungen, die die Intervalle beeinflussen. In den meisten Teilen der Welt kann der Segelsport nur saisonal betrieben werden. Aktive Perioden wechseln mit Ruhephasen ab. Sind Arbeiten am Boot notwendig, bieten derartige Ruhephasen eher die Gelegenheit, sich damit zu beschäftigen. Auch die begrenzte Lebensdauer vieler Substanzen und Komponenten ist Anlass für Wartungsarbeiten – dazu zählen z. B. kontaminiertes Motoröl, Verstopfung der Filter, Abnutzung der Anoden usw. Da macht es Sinn zu versuchen, die eigenen Wünsche und das, was für den Motor gut ist, in Übereinstimmung zu bringen.

11.1 Wartungsintervalle

Tägliche Kontrollen

- Kontrolle des Kraftstoffvorrates
- Kontrolle des Motorölstandes
- Kontrolle des Kühlwasserstandes. Denken Sie daran, dass es extrem gefährlich ist, den Tankdeckel zu öffnen, wenn das Wasser noch heiß ist.

- Führen Sie eine generelle Kontrolle durch, ob irgendwo Öl, Kraftstoff oder Wasser austritt.

Wöchentliche Kontrollen

- Keilriemen auf Spannung und Verschleiß überprüfen.
- Getriebeölstand kontrollieren.
- Den Dieseltank auf Wasser und andere Sedimente überprüfen. Gegebenenfalls aus der Schale unten am Kraftstofffilter das angesammelte Wasser oder den Schlamm ablassen.
- Das Sieb im Seewasserfilter inspizieren und bei Bedarf reinigen.
- Den Wasserstand in den Batterien kontrollieren und notfalls mit destilliertem Wasser nachfüllen.

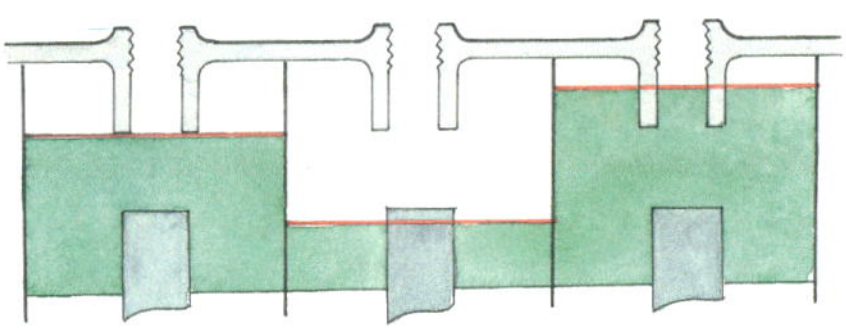

Korrekt *Zu wenig* *Zu viel*

Jährliche Kontrollen

- Die Anoden im Kühlwassersystem kontrollieren und bei Bedarf austauschen.
- Alle Schläuche gründlich auf Rissbildung, Ausbuchtungen und andere Zeichen von Verschleiß untersuchen. Ebenso kontrollieren, ob die Schlauchschellen fest sitzen.
- Den Luftfilter kontrollieren und bei Bedarf reinigen oder austauschen.
- Den Auspuffkrümmer auf Verschleiß überprüfen. Ideal ist, wenn man den Auspuff abschrauben und einen Blick ins Innere tun kann.
- Die Motorstützen auf Verschleiß überprüfen und kontrollieren, ob sich die Schrauben gelöst haben bzw. ob zwischen dem Gummi und den Metallkomponenten eine Ablösung stattfindet.
- Die Wellenkupplung kontrollieren und nachschauen, ob alle Bolzen fest angezogen sind.

11.2 Empfehlungen der Motorhersteller

Bestimmte Wartungsarbeiten sind von den Betriebsstunden des Motors abhängig und fallen somit je nach Einsatz des Motors zu jeder passenden oder unpassenden Gelegenheit an. Die genauen Einzelheiten stehen im Handbuch, aber typische Arbeiten sind folgende:

- Nach etwa 100 bis 150 Betriebsstunden sollten das Motoröl und die Filter getauscht werden, zumindest am Ende der Saison.
- Das Getriebeöl sollte ebenfalls nach 150 Betriebsstunden oder zumindest einmal im Jahr gewechselt werden.
- Die Kraftstofffilter alle 300 Stunden auswechseln.
- Es empfiehlt sich, die Membrane eines Saildrives alle sieben Jahre auszutauschen.

11.3 Arbeitsplan für jedes Jahr

Die Realität zeigt, dass die meisten von uns ihren Wartungsplan dem Kalender anpassen. Dagegen ist eigentlich nichts einzuwenden, denn die normale Segelyacht fährt ja nur etwa 50 Stunden unter Motor und ein Motorkreuzer maximal etwa 150.

Der überaus wichtige Motorölwechsel lässt sich demnach als ein jährliches Event einplanen und die beste Zeit dafür ist, wenn das Boot für den Winter eingelagert wird. Dann haben die Säuren, die bei der Verbrennung entstanden sind, nicht die Gelegenheit, während der Liegezeit an den Metallflächen zu nagen. Der andere Vorteil, den Motor frühzeitig einzuwintern, ist, dass viel Zeit zur Verfügung steht, alle entdeckten Probleme rechtzeitig anzugehen bzw. entsprechende Maßnahmen einzuleiten. Einige Boote werden den Winter über an Land gestellt, andere bleiben im Wasser. Das hat zur Folge, dass einige Arbeiten in der einen oder anderen Situation nicht möglich sind.

Überwintern

- Motor- und Getriebeöl sowie alle Filter wechseln.
- Das Kühlwasser ablassen und wieder mit Wasser und Frostschutzmittel auffüllen.
- Frischwasser durch das Seewassersystem pumpen.
- Seewasserfilter kontrollieren und notfalls reinigen.
- Den Impeller aus der Seewasserpumpe entfernen, in einen Plastiksack stecken und mit den Schlössern zusammenbinden, damit man nicht vergisst, ihn wieder einzusetzen.
- Eventuell angesammeltes Wasser oder Sedimente aus dem Kraftstofftank ablassen und den Tank randvoll füllen.
- Alle Verunreinigungen aus dem Vorfilter ablassen und den Filtereinsatz austauschen.
- Nach Möglichkeit ein paar Spritzer Motoröl in den Luftansaugstutzen geben und den Motor ein paar Mal drehen (nicht starten!), damit sich das Öl auf die Zylinderwände verteilt. Einige Hersteller empfehlen, die Einspritzdüsen zu entfernen, um leichter Öl einzuspritzen, und dann die Düsen wieder einzusetzen.
- Den Luftfilter austauschen und einen öligen Lappen in die Einlassöffnung stecken. Nicht das Gleiche beim Auspuff machen! Dann eine Notiz an den Motor hängen, die an den Lappen erinnert.
- Alle Keilriemen lockern oder abnehmen. Wenn man sie lockert, dann richtig.
- Das Belüftungsventil in der Auspuffanlage mit Frischwasser auswaschen und dann wieder einsetzen.
- Den Motor gründlich durchchecken. Dazu gehören:
  die Motorstützen, Schläuche und die Schlauchschellen, der gesamte Auspuff und die Kabel. Wenn man irgendeinem Teil nicht traut, ist jetzt Zeit, es auszutauschen.
- Batterien ausbauen und voll aufladen. Bleibt das Boot über Winter im Wasser, sollte man die Kontakte reinigen und sie mit Vaseline vor Feuchtigkeit schützen. Egal, wo die Batterien sich befinden, ist es wichtig, sie etwa jeden Monat nachzuladen.

Frühjahrs-Check

- Das Frischwasserkühlsystem überprüfen und wieder auffüllen.
- Den Motorölstand kontrollieren und bei Bedarf Öl nachfüllen.

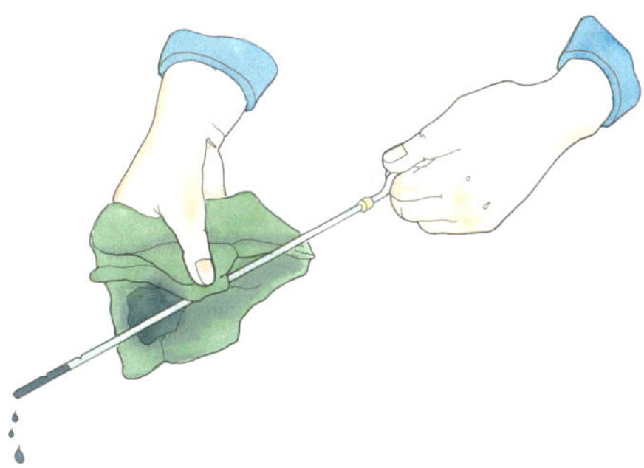

- Den Impeller wieder einsetzen.
- Alle Öffnungen freimachen, die man im Herbst zugestopft hat.
- Alle Keilriemen wieder spannen.

- Die Stevenrohrbuchse durch mehrere Törns an der Fettspindelpresse schmieren.
- Motor starten wie in Kap. 9.2 S. 66/67 beschrieben.
- Viel Spaß und los geht's!

11.4 Werkzeug

Jeder hat die Erfahrung, dass, egal wie viel Werkzeug man an Bord hat, eines Tages ein Problem auftritt, für das man kein passendes Werkzeug hat. Da es zudem in der Natur von Schiffen liegt, dass sie an Orte kommen, wo kaum Hilfe zu erwarten ist, bereitet sich ein kluger Skipper darauf vor, dass er selbst die Ärmel hochkrempeln und notfalls die Probleme lösen muss. Man kann nicht jeden Fall vorhersehen, aber auf jeden Fall dafür sorgen, dass man für die meisten Eventualitäten gerüstet ist. Man sollte die besten Werkzeuge kaufen, die man kriegen kann. Ein unerfahrener Mechaniker braucht alle erdenkliche Hilfe und die bekommt er bestimmt nicht, wenn er nur billiges und gefährliches Werkzeug hat. Schraubenschlüssel, die nicht richtig greifen, machen Muttern und Schraubenköpfe rund. Ganz billige springen ab, weil sie ungenügend gehärtet sind und eventuell brechen – was ganz gefährlich für die eigenen Knöchel werden kann. Schraubendreher mit zu weichen Spitzen zerfressen die Schlitze im Schraubenkopf. Verglichen mit dem Wert der Ausrüstung fällt die Differenz zwischen einem wirklich guten Werkzeug und einem billigen kaum ins Gewicht.

Europäische, japanische und englische Motoren haben fast ausschließlich metrische Schrauben und Gewinde. Bei den amerikanischen findet man noch Schrauben mit Imperial-Gewinde. Beim Zusammenstellen des Werkzeugkastens sollte man aber den Rest des Bootes nicht vergessen. Obgleich sich dieses Buch in erster Linie mit dem Motor und dem angekuppelten Getriebe beschäftigt, sind die meisten Boote mit anderen mechanischen Utensilien vollgestopft, die eines Tages beachtet werden wollen. Quer über alle Geräte an Bord findet man die gesamte Skala von Befestigungsmöglichkeiten.

An Bord gehört immer eine abgestimmte Auswahl an gutem Werkzeug.

Mechaniker-Werkzeugkasten

- **Werkstatt-Handbuch** Die Betriebsanleitung, die mit dem Motor geliefert wird, ist selten ausreichend. Ein richtiges Buch kostet weniger als ein Essen in einer Gaststätte und ist jeden Cent wert.
- **Metrische Schraubenschlüssel** von 7 bis 24 mm und ein Imperial-Maß von 1/4 bis 1 Zoll. Ring-Maulschlüssel haben auf der einen Seite ein Maul und auf der anderen einen Ring bei gleicher Weite. Doppelmaulschlüssel haben zwei unterschiedliche Weiten, ebenso Doppelringschlüssel. Die Letzteren gibt es zudem in gekröpfter Form. Da man häufig zwei gleich weite Schraubenschlüssel braucht, ist es sinnvoll, von jedem einen Satz zu haben.
- **Rollgabelschlüssel** Ein Profi schüttelt bei solch einem Werkzeug den Kopf. Sie haben sich jedoch als nützlich erwiesen – insbesondere die großen, weil sie sehr effektiv sein können. Da sie sich weiter öffnen lassen als die größten Schraubenschlüssel bzw. enger als die kleinsten, können sie universal eingesetzt werden.
- **Steckschlüsselkasten** in 3/4 und 1/2 Zoll. Der erste enthält Nüsse von 6 bis etwa 22 mm und eignet sich somit für schlecht zugängliche Bereiche, wogegen der zweite mit Nüssen von 10 bis 32 mm für grobe Arbeiten zuständig ist. Am besten hat man beide an Bord – und einen 1/4-Zoll-Kasten mit Einsätzen von 4 bis 13 mm für ganz kleine Teile. Diese Einsätze kommen mit Schrauben nach metrischem und imperialem System klar.
- **Bandschlüssel** Zum Abschrauben der Filterelemente. Absolut notwendig.
- **Schraubendreher** Ein ganzes Sortiment mit Schlitz- und Kreuzschlitz – auch mit kurzem Schaft, um sie in engen Räumen einsetzen zu können.
- **Wasserpumpenzange** Glatt und mit Zacken. Über ein durchgestecktes Gelenk kann sie auf passende Weite eingestellt werden. Nur im äußersten Fall kann man eine Wasserpumpenzange zum Greifen von Muttern oder Schraubenköpfen einsetzen, die dabei in der Regel für immer beschädigt werden. Glücklich ist, wer für solche Fälle einen Rollgabelschlüssel hat, dessen Backen keine Zacken haben, sich eng an die Seiten der Muttern legen und sie somit nicht beschädigen.
- **Gripzange** Große Haltekraft. Vielseitig einsetzbar beim Bohren, Schleifen, Schweißen usw. – aber nichts für feinfühlige Seelen. Auch als Schraubenschlüssel, Rohrzange und Feilkolben zu gebrauchen.
- **Bügelsäge** mit Ersatzblättern
- **Universalmesser** mit Ersatzklingen
- Ein Satz **Innensechskant-Schlüssel** bzw. Inbus-Schlüssel. Wichtig ist, dass ein Schenkel lang genug ist, damit die Hebelwirkung ausreicht.
- **Hammer** Zwei Typen sind nützlich: Ein normaler Schlosserhammer und ein rückschlagfreier Schonhammer mit Kunststoff-Köpfen. Der Schlosserhammer sollte nicht zu schwer sein, wogegen der Schonhammer so kräftig wie möglich sein kann.
- **Fühlerlehren** zum Ausrichten der Wellenflansche und der Ventilstößel
- **Splint**- (konisch) und Durchtreiber (zylindrische Spitze) mit Durchmesser an der Spitze von 3 bis 8 mm. Am besten von jedem einen Satz, um Splinte zu ziehen oder kleine Bolzen durchzutreiben.
- Ein **Magnet**, um in die Bilge gefallene Gegenstände hochzuholen.

- Eine **Ölabsaugpumpe** – wenn keine im Motor eingebaut ist. Damit holt man verbrauchtes Motoröl durch das Rohr für den Messstab aus der Ölwanne. Bei vielen Booten ist das die einzige Möglichkeit. Die Pumpe kann eine einfache Kolbenpumpe sein oder eine Vakuumpumpe mit einem Auffangbehälter, in den der erzeugte Unterdruck das verbrauchte Öl zieht.
- **Fettpresse** und eine kleine Spritzkanne für Öl.

Elektro-Reparaturkiste

- **Multimeter** Am besten ein digitales, das einfacher abzulesen ist, wenn man kopfüber im Motorraum »hängt«.
- **Crimpzange** zum Kabelschneiden, Abisolieren von Drähten und Quetschen von isolierten Kabelverbindern und Steckhülsen.
- **Spannungsprüfer** mit Leuchtanode in Form eines Schraubenziehers.
- **Batterietester**, sofern man nicht wartungsfreie Blei-Säure-Batterien hat. Ansonsten muss man das Multimeter heranziehen.

11.5 Ersatzteile

- Motor- und Getriebeöl
- Ölfilter
- Luftfilter
- Kurbelwannenlüfter, sofern vorhanden.
- Verschiedene Schmierfette für Pumpen, die Stevenrohrbuchse und zur allgemeinen Verwendung
- **Kriechöl** in Sprühflasche
- **Pumpenimpeller** – insbesondere für die Seewasserpumpe. Bei längerer Fahrt mehrere mitnehmen.
- **Thermostat** Einige Motoren haben mehrere. In der Betriebsanleitung nachsehen.
- **Frostschutzmittel** Genügend, um den gesamten Inhalt des Frischwasserkreislaufes wechseln zu können.
- **Keilriemen** Mindestens einen von jedem Typ an Bord.
- **Schläuche**
- **Anoden** Bei mit Seewasser gekühlten Motoren sitzen sie im Motorblock. Man findet auch welche im Ölkühler und Wärmetauscher. Sie regelmäßig zu ersetzen, ist ein Muss.
- **Dichtungsmaterial** und Packungen
- **Klebeband** mit PFTE-Beschichtung (kurz Teflon®-Band)

Elektrische Ersatzteile

- Kasten mit Kabelverbindern und Steckhülsen unterschiedlicher Größe
- Sicherungen
- Destilliertes Wasser für die Batterien
- Isolierband
- Schrumpfschläuche
- Vaseline

12 Wartungsarbeiten im Einzelnen

12.1 Kraftstofffilter

Vie wir in Kap. 2.7 diskutiert haben, ist die parallele Anordnung von zwei Vorfiltern ideal, veil man bei Verunreinigung des einen die Kraftstoffzufuhr über den anderen umleiten kann, um die Schmutzteile aus dem ersten zu entfernen. Diese Vorfilter (Grobfilter/Wasserabscheider) sind in der Regel weit vor dem Motor an zugänglicher Stelle angebracht. Danach vird aus zwei Kraftstoffleitungen wieder eine, die dann zu dem Feinfilter direkt am Motor führt. Vor- und Feinfilter sind kaum zu vergleichen. Der Vorfilter ist ein Wasser- und Partikelabscheider mit einem Filtereinsatz und einem Sichtglas am Boden des Filters, wo sich das mittels einer Zentrifuge abgeschiedene Wasser absetzt und über einen Hahn abgelassen werden kann.

Das Filterelement sollte einmal pro Jahr oder spätestens nach 200 Betriebsstunden erneuert werden. Ist der Kraftstoff kontaminiert, muss das Element in kürzeren Abständen gewechselt werden – in ganz schlimmen Fällen im Minutentakt. Aber selbst wenn alles glatt zu laufen scheint, sollte man die Wechselintervalle nicht ausdehnen, denn wenngleich der Kraftstoff klar aussieht, können sich kleine Partikel n dem Filterelement abgesetzt haben, die irgendwann durchkommen und dann Probleme auslösen – wie in Kap. 2.9 (S. 20) beschrieben.

Es gibt unterschiedliche Filtertypen:

- Vorfilter mit austauschbarem Filtereinsatz, z. B. von Vetus, Mann+Hummel, Bosch ...

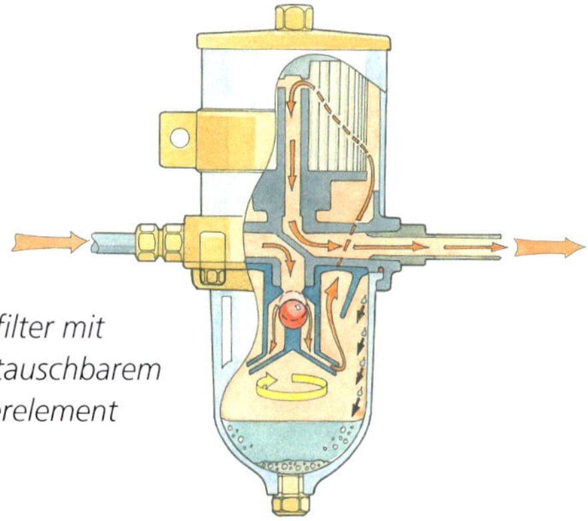

Vorfilter mit austauschbarem Filterelement

Patronenfilter

Einwegfilter

- Vorfilter mit Patronen, z. B. von CAV, Bosch, Mann+Hummel …
- Wegwerffilter.

12.2 Wasserabscheider

Hat der Vorfilter am Boden ein Sichtglas, kann man Wasser, das sich abgesetzt hat (Wasser ist schwerer als Dieselkraftstoff), leicht erkennen und es über einen Hahn einfach in einer Dose auffangen. Einige Filter haben statt des Sichtglases einen Metallbehälter. Dann muss man sich angewöhnen, die Ablassschraube regelmäßig zu öffnen.

- Halten Sie, bevor Sie den Ablasshahn bzw. die -schraube öffnen, einen geeigneten Behälter darunter.
- Wenn klarer Treibstoff kommt, schließt man den Hahn oder dreht die Schraube ohne viel Kraftaufwand wieder fest, denn vor dem Motor stehen die Leitungen nicht unter Druck. Bei einem Sichtglas aus Plastik findet man in der Regel einen Ablasshahn und keine Schraube.
  Achten Sie darauf, dass keine Luft in das System gelangt, denn dann muss es entlüftet werden.

12.3 Ersatzfilter

Bevor man einen Filtereinsatz austauscht, der unter dem Füllstand im Dieseltank liegt, muss man das Kraftstoffventil schließen. Ansonsten fließt reichlich Kraftstoff in die Bilge und alles stinkt – auch die Hände. Ist man in der glücklichen Lage, zwei parallele Filter zu haben, sollte man die Ventile vor und hinter dem jeweiligen Filter schließen (s. Kap. 2.7, S. 19). Das Ventil hinter dem Filter verhindert, dass Kraftstoff aus der Zuleitung zur Förderpumpe zurückläuft und Luft in das System gelangt.

Wichtig ist, sorgfältig zu Werke zu gehen. Diesel ist ein aggressiver Stoff, und je besser man sich davor schützt, desto glücklicher kann man sein und bleiben. Am besten hängt man eine Plastiktüte mit Halteschnüren oder stellt eine Dose zum Auffangen der Tropfen unter den Filter. Zusätzlich kann man ein paar Papierstücke von einer Küchenrolle ringsum verteilen.

Entfernen Sie, bevor Sie anfangen, jeglichen äußeren Dreck. Sie wollen ja sicherlich nicht, dass dieser bei Ihrer Arbeit in den Filter gelangt.

Hinweis:
Schalten Sie den Motor ab, indem Sie entweder den Zündschlüssel abziehen oder die Batterie abklemmen (bzw. den Hauptschalter umlegen). Man wünscht ja nicht, dass irgendeiner an der Zündung herumfummelt, während Sie in der Bilge arbeiten.

Patronenfilter

Die Filterelemente stecken in einem Metallzylinder zwischen dem Filterkopf und einer Bodenplatte. Zusätzlich zu dieser Grundausführung gibt es häufig eine unten angebrachte Glas- oder Metallschüssel für Wasser, das sich abgesetzt hat. Die ganze Einheit wird durch einen Bolzen, der von oben durchgesteckt wird, zusammengehalten.

- Vergewissern Sie sich, dass die Plastiktüte oder ein anderer Behälter an der richtigen Stelle ist. Der gesamte Inhalt des Filters wird in den Behälter fließen.
- Schrauben Sie den Steckbolzen los. Während sich die drei Komponenten voneinander lösen, fließt der Kraftstoff in die Plastiktüte.
- Ziehen Sie den alten Filtereinsatz aus dem Metallzylinder und kontrollieren Sie die Dichtungsringe. Man muss nicht jedes Mal die oberen Dichtungen erneuern, aber da mit einem neuen Filter immer gleich neue mitgeliefert werden, kann man sie auch einsetzen. Hat der Filter eine Glas- oder Metallschüssel, sollte die Dichtung zwischen der Schüssel und der Patrone immer ausgetauscht werden, weil sie sich vermutlich gedehnt hat.
- Zusammenbauen bedeutet, den Vorgang einfach umzukehren. Am besten steckt man zuerst die Grundplatte, die Schüssel und die Patrone mit den Dichtungen zusammen und drückt diese Einheit unter die Filterkonsole. Dann kontrolliert man, ob alles an der richtigen Stelle sitzt.

  Während man alles so hält, steckt man den Bolzen und zieht ihn handfest an. Ein etwas kniffliger Job. Zum Schluss zieht man den Bolzen mit einem Schraubenschlüssel fest, aber nicht zu stramm.

Viele Ölfilter haben oben in der Filterkonsole eine Verschlussschraube, durch die man Kraftstoff einfüllen kann, damit das System luftfrei bleibt und man vermeidet, den Motor entlüften zu müssen (s. Kap. 2.6, S. 18/19).

Wiederverwendbare Filtereinsätze

Diese findet man in der Regel bei größeren Motoren. Man kommt über einen abnehmbaren Deckel am Kopf an die Filterelemente heran. Der Deckel ist entweder mit einer zentralen Flügelschraube oder mit vier kleinen Schrauben gesichert.

- Zunächst öffnet man den Ablasshahn und nimmt eine kleine Probe. Ist der Kraftstoff klar, muss man die Schüssel nicht vollständig leeren. Das macht das Leben einfacher.
- Die Flügelschraube oder die kleinen Schrauben lösen und den Deckel anheben. Der Kraftstoff sollte dicht unter dem Rand stehen.
- Langsam das alte Filterelement herausziehen, um zu verhindern, dass etwas daneben tropft. Einige Filter dieses Typs haben eine Plastikschale, die mit Federn gehalten wird. Sie muss zuerst abgenommen werden. Prüfen Sie zunächst, wie das geht.
- Setzen Sie ebenso langsam das neue Filterelement ein. Beim Eintauchen saugt es Kraftstoff in sich hinein. Wenn eine Schale vorhanden war, muss sie wieder angebracht werden.
- Überprüfen Sie den Dichtungsring und den O-Ring unter der Flügelschraube. Im Zweifelsfall müssen diese ersetzt werden.
- Setzen Sie den Deckel wieder auf und sichern ihn.

Hat man alles sorgfältig berücksichtigt, wird es nicht nötig sein, das System zu entlüften. Musste man jedoch wegen Verunreinigungen das System entleeren oder hat es andere offensichtliche Schmutzablagerungen gegeben, kann man den Filter mit einer kleinen Kanne wieder füllen, bevor man den Deckel aufsetzt. Dadurch vermeidet man das gefürchtete Entlüften des Systems.

Einwegfilter

Siehe Kap. 12.5. Der Wechselablauf ist genau der gleiche wie bei Wegwerf-Ölfiltern. Das Kraftstoffsystem muss anschließend entlüftet werden.

12.4 Entlüften des Kraftstoffsystems

Damit der Motor rund läuft, muss der Kraftstoff, der zu den Einspritzdüsen kommt, ohne Luft sein. Luft kann auf unterschiedlichen Wegen ins System gelangen – dadurch dass der Motor trockenläuft oder dass Komponenten des Systems ausgetauscht wurden. Das sind die typischen Ursachen. Obgleich einige Motoren selbstständig entlüften, brauchen die meisten Unterstützung von außen.

Die Entlüftungsprozedur verläuft entlang der Leitungen vom Tank bis zum Motor. Auf diesem Wege wird an verschiedenen Stellen die Luft abgelassen. Die übliche Methode ist, den Handhebel an der Förderpumpe zu betätigen und so den Kraftstoff durch die Leitungen zu ziehen bzw. zu drücken. Bei einigen Motoren sitzt die dafür vorgesehene Pumpe irgendwo – z. B. direkt auf dem Grobfilter oder an der Einspritzpumpe. Wenn Sie noch nie in die Betriebsanleitung geschaut haben – jetzt wird es Zeit dafür.

Bewaffnen Sie sich mit Wischutensilien wie Lappen oder Papiertüchern. Da Dieselkraftstoff die Isolierung elektrischer Leitungen angreifen kann, sollte man dafür sorgen, dass er nicht über den Motor spritzt.

- Sorgen Sie dafür, dass genügend Kraftstoff im Tank und dass das Absperrventil offen ist.
- Drücken Sie den Handhebel an der Förderpumpe, um zu kontrollieren, ob er richtig funktioniert. Lässt er sich nur wenig oder gar nicht bewegen, kann das an der Position des Antriebsfingers auf der Nockenwelle liegen. Drehen Sie den Motor um eine halbe Umdrehung und versuchen Sie es erneut.
- Ist der Vorfilter unter dem Füllstand des Tanks und beginnt die Kraftstoffleitung direkt am Tankboden – gibt es also keine Steigleitung wie in der Abbildung – braucht man nur die Entlüftungsschraube am Kopf des Vorfilters zu lösen, der sich dann aufgrund der Schwerkraft von allein füllt. Ansonsten bleibt die Schraube geschlossen und man wendet sich dem Feinfilter zu.
- Öffnen Sie die Entlüftungsschraube am Feinfilter und bedienen Sie den Pumphebel an der Förderpumpe. Es kann mehrere Minuten dauern, bis dort Kraftstoff austritt. Abhängig davon, wie gut man den Vorfilter gefüllt hat und wie viel Kraftstoff in den Leitungen zurückgesackt ist, kann eine ganze Menge Luft in dem System sein. Zuerst muss man sich vergewissern, dass – sofern vorhanden – die Sichtschale am Vorfilter voll ist; erst dann kann Kraftstoff aus der Entlüftungsschraube am Feinfilter austreten. Wenn das dann blasenfrei abläuft, dreht man die Schraube zu.

Das könnte bei einigen Motoren reichen, aber nicht bei Yanmar-Motoren der GM-Serie sowie Perkins-, Thorneycraft- und Motoren auf Kubota-Basis.

- Für die ist die nächste Station die Einspritz

pumpe. Erinnern Sie sich, dass wir immer noch auf der Niedrigdruckseite des Systems sind. Deshalb müssen wir die Entlüftungsschraube an der Förderpumpe lösen und von dort die Arbeit fortsetzen. Sobald blasenfreier Kraftstoff austritt, springt die Schraube nach oben.

- Einige ältere Axialkolben-Einspritzpumpen haben zwei Entlüftungsschrauben, die beide bedient werden müssen, zuerst aber die untere.
- Drücken sie ein paarmal häufiger den Pumpenhebel, damit alles klar ist.

Nun sollte es genug und Zeit sein, den Motor normal zu starten. Wenn er rund läuft, kann man sich selbst dazu gratulieren, einen guten Job gemacht zu haben. Wenn nicht, stoppen Sie den Motor, aber lassen Sie den Zündschlüssel auf ON stehen.

- Lösen Sie zunächst alle Anschlussmuttern der Zuleitungen an den Einspritzdüsen mit mehreren Umdrehungen.
- Schalten Sie den Gang aus und stellen Sie den Gashebel auf »Voll voraus«.
- Drehen Sie nun den Zündschlüssel, damit der Motor dreht. Aber nicht länger als 15 Sekunden den Anlasser betätigen, da er sonst durchbrennt. Er ist nämlich nicht für einen Dauereinsatz geschaffen.
- Zunächst sollten sich Blasen von Kraftstoff an den Überwurfmuttern bilden, dann feine Spritzer. Nach einiger Zeit kann man davon ausgehen, dass keine Luft mehr in dem System ist und kann nacheinander die Muttern wieder anziehen.

Nun wird in der Regel der Motor anspringen, zunächst mit einem Zylinder und nacheinander mit den anderen.

Warnung
Der Druck des Kraftstoffes hinter der Einspritzpumpe ist so stark, dass er den Kraftstoff durch die Haut treibt. Deshalb sollte man nicht mit den Fingern an den Überwurfmuttern hantieren, wenn der Motor läuft.

Tipp: Alle Entlüftungsstellen mit gut sichtbarer Farbe markieren.

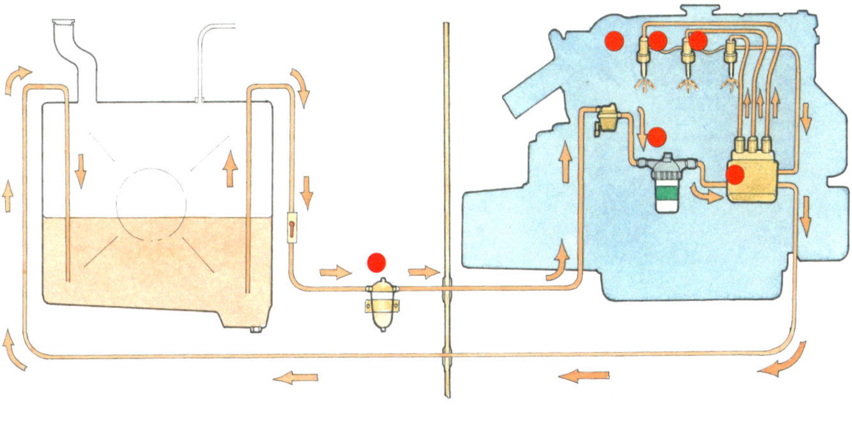

12.5 Öl- und Filterwechsel

Man kann nicht oft genug darauf hinweisen, wie wichtig die Qualität des Motoröls für die Schmierung ist. Beurteilen Sie es nicht anhand der Farbe. Die dunkelgraue Masse am Ende des Messstabes ist kein Grund zur Panik. Das Öl sieht schon nach ein paar Stunden so aus. Der Farbwechsel kommt ganz einfach von den Zusätzen und den Nebenprodukten bei der Verbrennung und ist absolut normal.

Will man die Gewissheit haben, dass sich das Öl in gutem Zustand befindet, sollte man den Empfehlungen der Hersteller gewissenhaft folgen. Einige Hersteller sagen, man solle nach 150 Betriebsstunden oder am Ende jeder Saison das Öl wechseln und den Filter alle 300 Betriebsstunden. Aber viele Techniker sind anderer Meinung und sagen angesichts der niedrigen Kosten, dass es mehr Sinn macht, wenn man bei jedem Ölwechsel auch gleich den Filter austauscht. Das hat zumindest den Vorteil, dass man es dann nicht so leicht vergisst.

Wie bei den Kraftstofffiltern sollte man sich mit einer Plastiktüte und Lappen sowie Gummihandschuhen bewaffnen, denn das ist eine dreckige Arbeit. Vorher sollte man in die Betriebsanleitung geschaut haben, um zu wissen, welche Viskosität das Öl haben muss und wie viel Liter man braucht.

Öl abpumpen

- Lassen Sie den Motor 10 bis 15 Minuten laufen, am besten mit eingelegtem Gang, um das Öl auf Betriebstemperatur zu bringen. Dann wird das Öl leichtflüssig und wirbelt den ganzen Schlamm auf, der sich abgesetzt hat.
- Öl abpumpen. Einige Ölwannen können über einen Ablasshahn oder eine -schraube am Boden geleert werden. Viel häufiger muss das Öl entweder mit einer fest installierten Pumpe oder über das Messstabrohr abgepumpt werden. Eine Kolbenpumpe mit einem dünnen Plastikschlauch, der bis zum Boden der Ölwanne hinunterreicht, kann eingesetzt werden. Aber am einfachsten und saubersten funktioniert eine Vakuumpumpe, die das Öl in einen eigenen Behälter saugt. Wenn man eine anschafft, sollte man darauf achten, dass der Behälter das gesamte Altöl aus der Wanne fassen kann – es sei denn, die Pumpe schaltet automatisch ab, wenn der Behälter voll ist.
- Seien Sie vorsichtig! Das Öl ist sehr heiß.

Ölabsaugpumpe

Filterwechsel

Diese Filter sind in der Regel Einwegfilter; bei größeren Motoren findet man auch Patronenfilter (ohne Sichtgläser). Dazu mehr in Kap. 12.3.

- Benutzen Sie einen Bandschlüssel mit rutschfreiem Gewebeband, um den Filter abzuschrauben.
- Binden Sie eine Plastiktüte um den Filter, um ausfließendes Öl aufzufangen. Sobald der Filter lose ist, stecken Sie die Tüte und den Filter sicher in einen Eimer.
- Nehmen Sie den neuen Filter aus der Verpackung und kontrollieren Sie, ob die Dichtungen richtig sitzen.
- Geben Sie ein paar Tropfen Motoröl auf die Dichtung und das Gewinde. Ziehen Sie den Filter handfest an. Sitzt er stramm genug, kann das ausreichend sein. Ansonsten ziehen Sie ihn mit dem Bandschlüssel noch etwas nach. Knallt man ihn zu fest an, könnte es beim nächsten Wechsel Probleme beim Abschrauben geben.

Ölwechsel

Schauen Sie in der Betriebsanleitung nach, von welcher Viskosität das Motoröl sein muss und wie viel Liter davon nachgefüllt werden müssen. Da man vermutlich nicht das gesamte Altöl aus der Kurbelwanne abgesogen hat, könnte man zu dem Schluss kommen, gar nicht so viel zu benötigen.

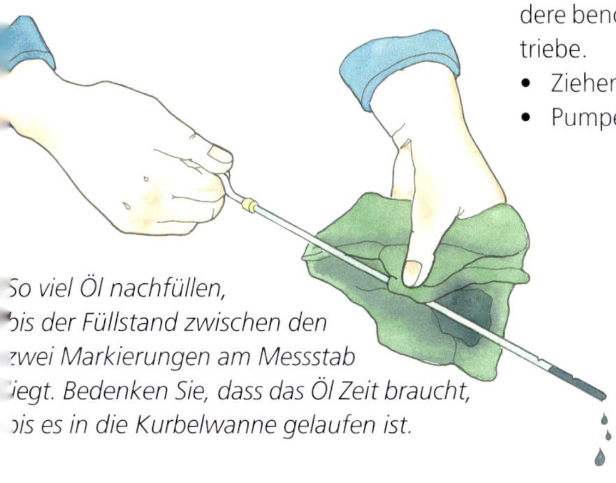

So viel Öl nachfüllen, bis der Füllstand zwischen den zwei Markierungen am Messstab liegt. Bedenken Sie, dass das Öl Zeit braucht, bis es in die Kurbelwanne gelaufen ist.

- Bevor Sie die Kappe vom Ölnachfüllstutzen abnehmen, sollten Sie den Schmutz ringsum wegwischen, einen Lappen um den Stutzen binden oder einen Trichter aufsetzen.
- Füllen Sie nun das Öl in der erforderlichen Menge langsam ein. Lassen Sie dem Öl Zeit, seinen Weg in die Kurbelwanne zu finden, und kontrollieren Sie erst dann den Füllstand mit dem Messstab.

12.6 Getriebeölwechsel

Da im Getriebe keine Verbrennungsrückstände entstehen, sollte das Getriebeöl klar bleiben. Ist es aber schwarz geworden, gibt es ein Problem: Es kann wegen einer defekten Kupplung zu heiß geworden sein. Ist es emulgiert, d. h. es sieht milchig aus, könnte Seewasser über den Ölkühler eingedrungen sein. In diesem Fall sollte der Motor nicht mehr benutzt und ein Techniker herbeigerufen werden.

Aber wir gehen mal davon aus, dass alles in Ordnung ist. Stellen Sie die notwendigen Dinge anhand der Betriebsanleitung zusammen. Informieren Sie sich über Ölqualität und -menge. Bei einigen Anlagen kommt in das Getriebe das gleiche Öl wie in den Motor. Andere benötigen spezielles Öl für Automatikgetriebe.

- Ziehen Sie den Ölmessstab.
- Pumpen Sie das alte Öl wie beim Motor ab.

- Füllen Sie das neue Öl ein und kontrollieren Sie den Füllstand mit dem Messstab. Dabei muss in der Regel der Stab nicht eingeschraubt werden.
- Wenn Sie ausreichend viel Öl eingefüllt haben, setzen Sie den Messstab wieder ein und schrauben ihn handfest ein.

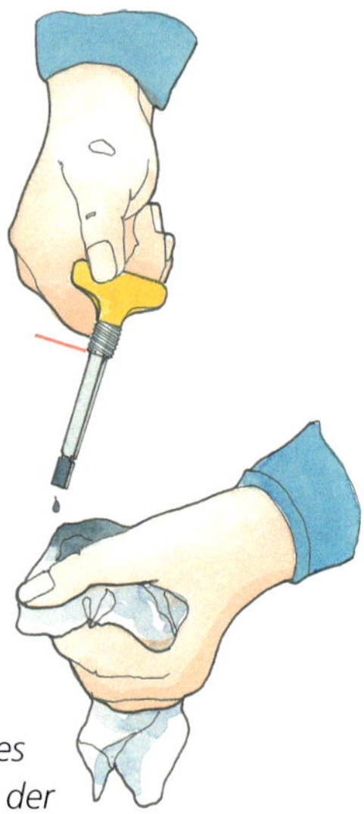

Bei der Kontrolle des Füllstandes des Getriebeöls muss der Messstab nicht eingeschraubt werden.

12.7 Wechsel oder Einstellen des Keilriemens für die Lichtmaschine

Mit Textil- oder Stahlseileinlagen verstärkte Keilriemen können sehr effektiv Kraft von einem Motorteil auf ein anderes übertragen. Sie werden für die unterschiedlichsten Zwecke eingesetzt – am häufigsten, um die Lichtmaschine anzutreiben. Oft muss ein einzelner Keilriemen gleichzeitig mehrere Aufgaben erfüllen, z. B. zusätzlich die Seewasserpumpe antreiben. Da Keilriemen immer außen am Motor angebracht sind, lassen sie sich äußerst leicht kontrollieren und warten. Kurzum – es gibt keine Entschuldigungen dafür, dass sie, ohne dass es wahrgenommen wird, zerfallen und plötzlich reißen.

Der bei kleinen Motoren am meisten verbreitete Keilriemen hat ein gleichschenkliges, trapezförmiges Profil. Diese Kielriemen mit dem sog. V-Profil laufen über Scheiben, die ein spitz zulaufendes Gegenprofil haben. Durch Spannung wird erreicht, dass die Riemen in dem Scheibenprofil klemmen und nicht rutschen. Bei großen Motoren sieht man gelegentlich flache, breite und dünnere Keilriemen.

Werden die Riemen zu stark gespannt, werden die Riemenscheiben einseitig beansprucht. Das führt zu schnellerem Verschleiß der Lager. Ist die Spannung zu gering, klemmt der Keilriemen nicht genügend auf der Scheibe, er rutscht. Das führt zur Auflösung des Gummis. Wenn man in der Nähe schwarzen Staub entdeckt, ist das ein sicheres Zeichen für einen Verschleiß des Keilriemens.

Die Aufgabe besteht also darin, den Riemen richtig zu spannen – vielleicht mit einem ganz einfachen Trick. Um die Spannung zu kontrollieren, drückt man quer auf die längste Überbrückung. Die Eindrücktiefe sollte zwischen 10 und 12 mm liegen. Einen Flachriemen kontrolliert man, indem man ihn zwischen Daumen und Zeigefinger greift und um 90° dreht. Kann man ihn weiter drehen, ist die Spannung zu gering.

In diesem Zusammenhang sollte man auch nachschauen, ob er durchgescheuert ist oder andere Probleme ersichtlich sind. Halten Sie sich vor Augen, dass, wenn ein Keilriemen reißt, die Batterien nicht mehr geladen werden, und wenn der Keilriemen auch die Wasserpumpe antreibt, der Kühlkreislauf unter-

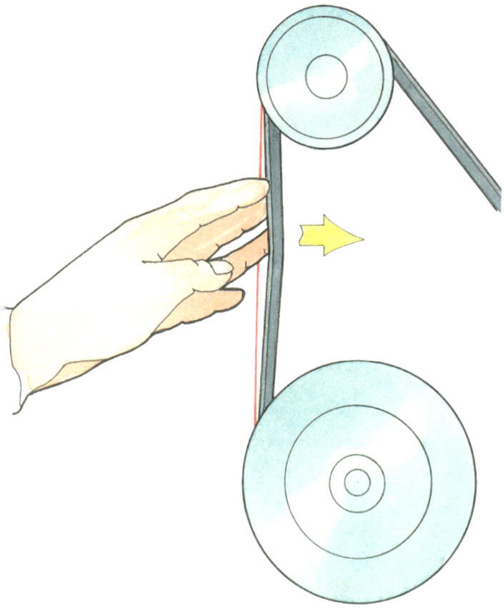

Ein Keilriemen sollte sich etwa 12 mm eindrücken lassen – nicht mehr, aber auch nicht viel weniger.

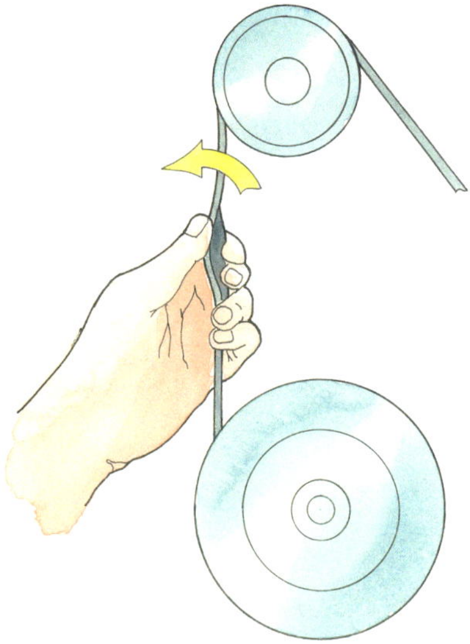

Ein richtig eingestellter Flachriemen kann mit der Hand um 90° gedreht werden.

brochen ist, der Motor heiß läuft und sich evt. festfrisst. Im Zweifelsfall sollte der Keilriemen sofort erneuert werden – was nur wenige Minuten dauert.

Wir nehmen mal an, die Keilriemenspannung sei zu gering und wir wollen sie richtig einstellen.

- Die Keilriemenspannung wird eingestellt, indem man die Lichtmaschine zum Motor hin- oder vom Motor wegverschiebt. Die Lichtmaschine sitzt auf einer Konsole am Motor und kann mittels eines vielfach gebogenen Schwenkarms und einer Klemmschraube nach außen bzw. innen verschoben werden.
- Will man die Keilriemenspannung verringern, löst man leicht die Klemmschraube und den Bolzen an der Konsole.

  Ist der Keilriemen defekt und soll ersetzt werden, entfernt man zunächst den alten. Dazu schwenkt man die Lichtmaschine so weit wie möglich in Richtung Motorblock und rollt ihn von den Keilriemenscheiben, die man dann zunächst von jeglichem Staub oder Fett reinigen sollte.
- Dann legt man den neuen Keilriemen zuerst über die Scheibe, die auf der Kurbelwelle sitzt, dann über die anderen und zum Schluss über die an der Lichtmaschine. Es hilft, wenn man dabei langsam mit der Hand das Schwungrad dreht und so die letzte Bucht über die Kante der Riemenscheibe hebelt.
- Nun muss der Abstand zwischen Lichtmaschine und Motorblock vergrößert werden. Dafür nimmt man am besten einen stabilen Holzstab wie z. B. einen Hammerstiel, den man zwischen Motorblock und Lichtma-

schine klemmt und so die beiden Teile auseinanderdrückt. Dabei alle Schrauben anziehen – aber zuerst die an dem Schwenkarm.
- Kontrollieren Sie nach zwei bis drei Stunden Motorbetrieb die Spannung. Ein neuer Keilriemen dehnt sich leicht.

12.8 Nachstellen der Stopfbuchsenpackung

Wie in Kap. 7.7 beschrieben, beruht die Dichte der Stopfbuchse auf der Kompression des geflochtenen Packungsmaterials. Die Packung ist mit einem Schmiermittel vorimprägniert – traditionell mit Talg – und wird dann entweder mit Fett eingesetzt oder über eine Stauffer-Buchse oder eine externe Spindelpresse von Zeit zu Zeit, d. h. alle vier bis sechs Stunden, nachgefettet.

Stopfbuchsen sind so ausgelegt, dass sie etwas lecken: ein bis fünf Tropfen pro Minute sind in Ordnung. Die Einstellung ist schwierig: Zu lose – und die Bilge läuft voll Wasser; zu dicht – und Packung wie Welle verschleißen sehr schnell. In extremen Fällen kann die Reibung die Stopfbuchse vom Stevenrohr abdrehen, was dazu führen kann, dass plötzlich ganz viel Wasser eindringt.

Eine ursprünglich korrekt eingesetzte und eingestellte Stopfbuchse lockert sich nur aufgrund von Verschleiß. Die ersten Anzeichen sind immer mehr austretende Wassertropfen. Das lässt sich anfangs durch Nachpressen von Fett verhindern. Ein deutlicher Hinweis ist, wenn das Fett irgendwo verschwindet. Da die Packung verschleißt und der Kontakt zwischen Welle und Packung immer loser wird, geht das Nachdrehen der Stauffer-Buchse bzw. der Spindelpresse immer leichter. Um den Vermutungen nachzugehen, sollte man unter die Stopfbuchse schauen. Wenn mehr als dünne Fettspuren austreten, muss die Buchse neu eingestellt werden.

- Sind Motor abgestellt und Getriebe ausgekuppelt, wird alles ausgetretene Fett weggewischt und die Welle mit der Hand gedreht. Kann man sie offensichtlich leicht drehen, ist die Entscheidung, ob die Buchse nachgespannt werden muss, schwierig.
- Nach dem Lösen der Sicherungsschrauben kann die Einstellschraube mit einer Umdrehung nachgespannt werden. Bei einem Flansch mit zwei Nachstellschrauben ist darauf zu achten, dass beide Schrauben gleich viel gedreht werden. Es ist ratsam, in kleinen Schritten vorzugehen, damit man nicht bald wieder alles lösen muss.
- Versuchen Sie erneut, die Welle zu drehen. Sie sollte etwas Widerstand leisten, aber nicht zu viel. Besser etwas weniger als zu viel. Zählen Sie die Tropfen: Ein bis fünf Tropfen pro Minute sind gut.
- Wenn Sie meinen, alles richtig gemacht zu haben, ziehen Sie alle Muttern fest und lassen den Motor mit eingekuppeltem Getriebe etwa zehn Minuten laufen. Dann schauen Sie unten nach und prüfen die Temperatur der Stopfbuchse. Sie sollte sich leicht anfassen lassen. Wenn sie heiß ist, ist sie zu stramm angezogen und muss ein wenig gelockert werden.

Hinweis: *Stopfbuchsen werden dummerweise häufig an Land eingestellt, wo nicht die Möglichkeit besteht, die Kontrolltropfen zu zählen. Das bedeutet, man kann die Einstellung nur anhand des Rollwiderstandes vornehmen. Zuvor sollte man mindestens ein paar Tropfen Waschflüssigkeit in das Stevenrohr spritzen, damit man von der dort vorhandenen Reibung nicht in die Irre geleitet wird.*

12.9 Austausch der Dichtung

Wenn man nicht mehr nachspannen kann, ist der Zeitpunkt gekommen, die Dichtung zu erneuern. Das ist eine Arbeit, die niemals ausgeführt werden kann, wenn das Boot im Wasser liegt.

Folgender Ablauf:

- Entfernen Sie die Spannschrauben oder den Flansch von der Stopfbuchse und schieben Sie den Druckzylinder in Richtung Getriebe.
- Der nächste Schritt ist knifflig. Die alten Packungsringe müssen aus der Aussparung herausgefummelt werden. Ein guter Trick funktioniert mit einer Holzschraube, am besten aus Bronze, damit die Welle keine Kratzer bekommt. Diese dreht man in die Packungsringe und zieht sie mit einer Zange heraus. Eine flache Ahle und gebogene Drahtstücke kommen auch infrage. Achten Sie darauf, dass alle alten Teile entfernt werden.
- Messen Sie den Abstand zwischen der Welle und dem Inneren der Stopfbuchse. Daraus lässt sich die Dicke der benötigten Packung bestimmen. Die normalen Größen liegen zwischen 4 x 4 mm und 10 x 10 mm. Man kauft sie meterweise. Die Länge der einzelnen Stücke entspricht dem Umfang der Welle.
- Um eine neue Packung zurechtzuschneiden, wickelt man die Dichtungsschnur entsprechend häufig um die Welle und achtet darauf, dass immer die gleiche Seite der quadratisch geflochtenen Ware glatt anliegt. Dann schneidet man mit einem scharfen Messer in Längsrichtung der Welle alle Lagen zu Einzelstücken durch. Dazu muss man nicht in den engen Motorraum krabbeln, das kann man auch an einem Wellenstück außerhalb des Rumpfes machen.
- Dann schmiert man jedes Stück mit Fett ein, klebt es um die Welle und schiebt alle Teile zusammen in die Aussparung. Wichtig ist, dass einerseits die Packungsstücke nicht verdreht sind, und andererseits die Schnittstellen nicht immer an der gleichen Stelle liegen. Sind insgesamt vier »Ringe« erforderlich, kann es hilfreich sein, nach dem Einsetzen der ersten drei den Druckzylinder provisorisch anzuziehen, um die »Ringe« in Form und in die Aussparung zu pressen. So entsteht Platz für den vierten.

Legen Sie mehrere Lagen um den Schaft und schneiden Sie sie längs der Welle durch. So erhalten Sie eine Reihe von »Ringen«, die dann exakt passen.

- Setzen Sie die Stopfbuchse wieder zusammen und drehen Sie die Welle mehrmals, damit sich die Packung richtig einpasst. Die Welle sollte frei drehen. Die abschließende Einstellung wird erst vorgenommen, wenn das Boot im Wasser ist. Hängen Sie gut sichtbar einen Erinnerungszettel an passender Stelle auf.

12.10 Thermostat austauschen

Thermostate (s. Kap. 4.4, S. 33) sind Teile, die nicht gewartet werden müssen. Sie funktionieren ... oder eben nicht. Wenn sie ausgefallen sind, müssen sie ersetzt werden.

Überhitzt der Motor und Kühlwasser kommt aus dem Auspuff, kann man sicher sein, dass der Thermostat in der geschlossenen Position klemmt. Kommt jedoch blauer Qualm aus dem Auspuff, besteht die Möglichkeit, dass der Motor nicht warm wird, weil der Thermostat in der geöffneten Stellung klemmt. Die erste Situation ist die wahrscheinlichere und muss sofort angegangen werden. Thermostate klemmen in der offenen Stellung eher selten. Aber wenn, kann man die Sache viel entspannter angehen.

Es ist nicht schwierig, einen Thermostaten auszubauen.

- Man erkennt das Thermostatgehäuse an der typischen Kappenform. Es liegt am vorderen Ende des Zylinderkopfdeckels.
- Der Deckel ist in der Regel mit einer Reihe Bolzen verschraubt. Diese muss man lösen.
- Ziehen Sie den alten Thermostaten heraus.

Die Schrauben am Thermostatgehäuse lösen. Den alten Thermostaten herausnehmen und wegwerfen, wenn er den Test nicht besteht – oder ganz einfach einen neuen einsetzen, um auf der sicheren Seite zu sein.

und setzen Sie den neuen ein – oder überprüfen Sie den alten, wie im folgenden Abschnitt beschrieben. Wenn er richtig funktionieren sollte, kann man ihn weiter verwenden.

- Setzen Sie alles wieder zusammen und achten Sie darauf, dass alle Dichtungen wieder an Ort und Stelle sind.

Überprüfung des Thermostaten

Wenn der Thermostat beim Abnehmen in der offenen Position geklemmt hat, kann man sicher sein, dass er defekt ist. Klemmt er in der geschlossenen Position, kann man mit einem einfachen Test feststellen, ob er funktioniert oder nicht.

- Man legt ihn in einen Topf mit Wasser und erwärmt es. Der Thermostat sollte bei etwa 75 bis 85 °C – also kurz vor dem Siedepunkt – anfangen, sich zu öffnen. Kocht das Wasser und der Thermostat bleibt geschlossen, ist er eindeutig defekt.

12.11 Kühlwasser erneuern

Die Aufgabe des Frostschutzmittels ist größer, als die Bezeichnung vermuten lässt. Es soll nicht nur Frostschäden verhindern, sondern mithilfe der Zusatzstoffe unter anderem auch Kalkablagerungen, Rost und Korrosion. Da die Effektivität dieser Zusatzstoffe mit der Zeit abnimmt, sollte das Frostschutzmittel jedes Jahr erneuert werden, egal ob Frostgefahr besteht oder nicht.

- Nehmen Sie die Druckkappe vom Nachfüllstutzen ab.
- Suchen Sie die Ablasshähne. Häufig gibt es mehr als einen. Stellen Sie eine Schüssel darunter und drehen Sie die Hähne nacheinander auf, bis nichts mehr herauskommt. Lassen Sie das Frostschutzmittel nicht in die Bilge laufen, um es von dort später über Bord zu pumpen. Frostschutzmittel auf Ethylenglykol-Basis ist hochgiftig. Polypropylenglykol ist erheblich sicherer, jedoch viel teurer und somit seltener.
- Ist das System leer, schließen Sie die Hähne. Das Mischverhältnis von Frostschutzmittel mit Wasser hängt von der in der Region zu erwartenden niedrigsten Temperatur ab. Vermutlich gibt es Empfehlungen bezüglich des Mischverhältnisses. Halten Sie sich am

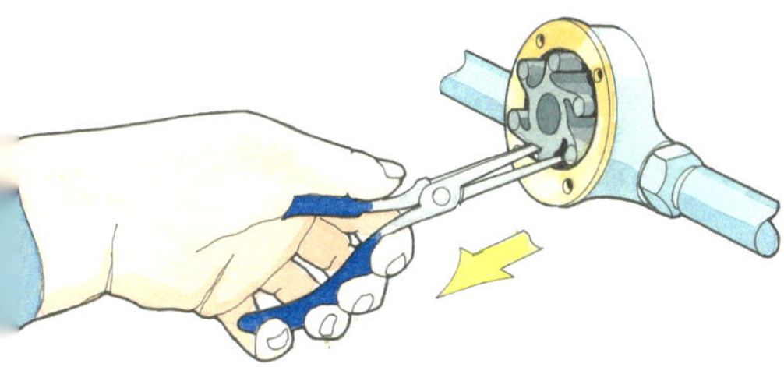

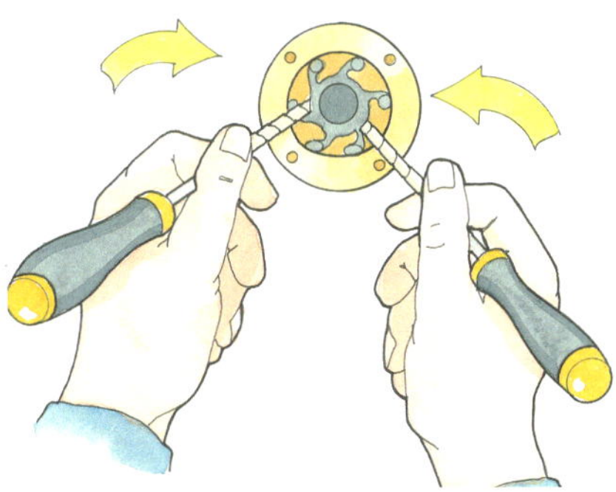

Den Impeller mit einer Storchschnabelzange …

… oder mit zwei Schraubendrehern herausziehen.

besten auf der sicheren Seite. Im Handbuch findet man einen Hinweis, wie viel Liter das gesamte System fasst. Anhand dessen kann man leicht berechnen, welche Mengen man von beiden Teilen braucht.
- Gießen Sie zunächst das Frostschutzmittel in den Motor und füllen Sie dann mit Wasser auf.
- Lassen Sie den Motor etwa zehn Minuten laufen, damit sich beide Teile gut mischen.
- Kontrollieren Sie den Füllstand nach dem Abkühlen erneut. Bei Bedarf gießen Sie Wasser nach.

Warnung
Drehen Sie nie die Druckkappe los, wenn der Motor heiß ist. Bedenken Sie, dass in dem System ein Überdruck herrscht und Sie sich durch heißen Dampf und herausplatzendes Wasser Verbrennungen zuziehen können.

12.12 Impeller der Seewasserpumpe ersetzen

Das macht man entweder bei der Routinekontrolle oder bei Ausfall des Kühlwassers. Das Letztere kann der Grund für die Überhitzung des Motors sein – wenn man sich zudem absolut sicher ist, das Seeventil nicht geschlossen zu haben. Sie sollten zuerst den Seewasserfilter kontrollieren, um zu wissen, ob er verstopft ist oder nicht. Wenn nicht, liegt es offensichtlich an der Seewasserpumpe, d. h. speziell am Impeller.
- Lösen Sie die Schrauben am Pumpendeckel und nehmen ihn ab.
- Der Impeller kann auf den ersten Blick gut aussehen, aber erst eine gründliche Kontrolle bringt Gewissheit. Greifen Sie mit einer spitzen Flachzange einen Flügel und ziehen Sie so den Impeller heraus. Alternativ, oder wenn alle Flügel abgebrochen und verschwunden sind, können zwei Schraubendreher nützlich sein, um den Impeller herauszuhebeln. Dabei ist Vorsicht geboten, denn zu leicht werden die Ränder des bronzenen Gehäuses beschädigt. Dann kann es sinnvoll sein, die Schäfte der Schraubendreher mit Gewebeband zu umwickeln.
- Der herausgezogene Impeller kann jetzt gründlich auf Risse an der Wurzel der Flügel untersucht werden. Wenn man solche findet, muss er ersetzt werden.
- Fehlen Flügel, sind sie meist irgendwo verschwunden. Vielleicht sind sie weiter zum Wärmetauscher gepumpt worden oder in die Ansaugleitung gerutscht. Wie dem auch sei, gehen Sie der Sache nach, bis Sie eine Erklärung gefunden haben. Einfach einen neuen Impeller einzusetzen, könnte alle bisherige gute Arbeit zunichte machen.
- Entfernen Sie alle Reste der alten Dichtung vom Deckel.
- Schmieren Sie den neuen Impeller leicht mit einem Spülmittel ein und setzen ihn mit Drehbewegungen auf die Welle. Der Querstift muss sauber in die Kerbe einrasten und die Flügel müssen entgegen der Drehbewegung gebogen sein.
- Legen Sie eine neue Dichtung auf den Deckel und schrauben Sie ihn wieder an. Ziehen Sie die Schrauben nacheinander gleichmäßig an.

12.13 Ventilspiel einstellen

Das ist eine Arbeit, die etwa alle 600 Motorbetriebsstunden anfällt. Verglichen mit anderen Routinewartungsarbeiten kommt sie einem schrecklich und kompliziert vor. In Wirklichkeit ist sie ganz einfach.

Bei den meisten Motoren wird das Schließen und Öffnen der Ein- und Auslassventile über eine Nockenwelle tief im Motor gesteuert. Die Stößelstangen übertragen die Bewegungen bis zum Zylinderkopf auf Kipphebel, die dann die Ventile nach unten drücken, damit sie öffnen. Das Schließen besorgen Ventilfedern.

Da die einzelnen Teile sich ausdehnen, wenn der Motor warm wird, muss ein kleiner Spalt zwischen den Kipphebeln und den Ventilen sein, das sog. Ventilspiel. Das Maß dafür findet man in der Betriebsanleitung und liegt bei einem »Hilfsmotor« mittlerer Größe für eine Segelyacht in unserer Region bei etwa 0,2 mm. Das Ventilspiel erreicht sein Maximum, wenn die Stößelstange nicht nach oben gedrückt wird, d. h. die Nocke steht im Winkel von 180° zur Stößelstange. Da man die Stößelstange nicht sehen kann, muss man die Position der Nocke anhand der Bewegungen der Kipphebel feststellen.

- Das korrekte Maß für das Ventilspiel steht im Handbuch. Dort ist ebenso nachzulesen, ob die Einstellung bei kaltem oder warmem Motor vorzunehmen ist.
- Nehmen Sie den Ventildeckel ab, damit die Kipphebel und die Ventilschäfte frei zugänglich sind.
- Drehen Sie den Motor in die Richtung, in der er normal dreht. Wenn nötig – setzen Sie einen großen Schraubenschlüssel auf die Mutter an der Kurbelwelle bzw. Schwungscheibe.
- Zunächst beschäftigen wir uns mit einem Zylinder. Wenn bspw. das Auslassventil komplett nach unten gedrückt ist, kann das Einlassventil eingestellt werden.
- Man löst die Sicherungsschraube der Einstellschraube auf dem Kipphebel und dann die Einstellschraube selbst mit einigen Umdrehungen.
- Dann wählt man das passende Blatt der Fühlerlehre aus und steckt es in den Spalt zwischen dem Ventilschaft und dem Kipphebel.
- Man dreht so lange an der Einstellschraube, bis der Spalt geschlossen ist und die Fühlerlehre beim Hin- und Herbewegen leicht klemmt. Wenn man dafür Kraft aufbringen muss, ist der Spalt zu eng.
- Die Fühlerlehre bleibt in dem Spalt und die Einstellschraube wird mit einem Schraubendreher so lange in Position gehalten, bis die Sicherungsschraube fest ist. Wackeln Sie das Blatt ein wenig hin und her, um si-

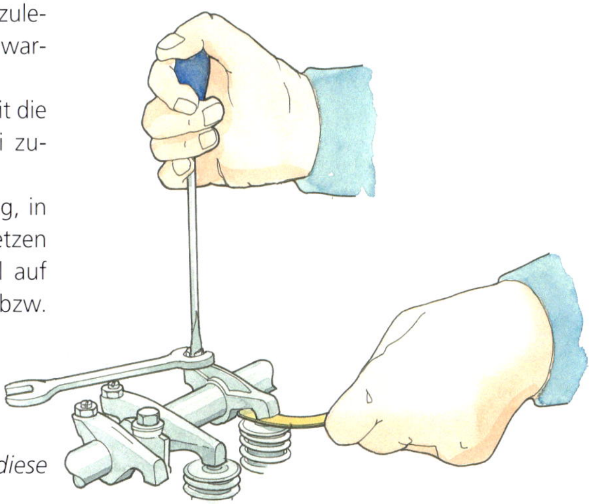

Schauen Sie ins Handbuch, bevor Sie diese Arbeit angehen.

cher zu sein, dass sich nichts verändert hat. Erst dann ziehen Sie das Blatt ganz heraus.
- Drehen Sie den Motor per Hand, damit das Ventil, das Sie gerade eingestellt haben, voll niedergedrückt wird und Sie das andere Ventil wie zuvor beschrieben einstellen können.
- Bei einem Mehrzylindermotor wiederholt man die Prozedur bei jedem Zylinder. Zugegeben, das ist ein langwieriger Prozess, und erfahrene Mechaniker bringen jeden Zylinder in die obere Totlage des Kompressionstaktes (s. Kap. 1.1, S. 9). In dieser Position, also wenn beide Ventile geschlossen sind, stellen sie das Ventilspiel ein. Da Sie das aber nicht jeden Tag machen, ist die langatmigere, aber weniger verwirrende Methode die sichere.

12.14 Batteriewartung

Bei guter Pflege können Batterien mehrere Jahre gute Dienste leisten, ansonsten muss man damit rechnen, dass sie doppelt so schnell unbrauchbar sind. Die Möglichkeiten, etwas zu tun, sind begrenzt, aber bereits bescheidene Aufmerksamkeit verlängert ihr Leben.

- Versuchen Sie, die Batterien immer im vollen Ladezustand zu halten. Das ist bei Booten, die in einer Marina liegen, kein Problem, denn dort gibt es fast immer einen Landanschluss. Für Boote, die an Muringbojen liegen, sind Solarpanel eine gute Lösung. Schon ein kleines kann den natürlichen Entladungsprozess auffangen.
- Bei Blei-Säure-Batterien ist es wichtig, den Elektrolyten auf dem vorgesehenen Füllstand zu halten. Das muss regelmäßig kontrolliert werden. Füllen Sie gegebenenfalls jede Zelle so weit mit destilliertem Wasser auf, bis der Elektrolyt gerade die oberen Kanten der Platten bedeckt.
- Halten Sie die Kontakte sauber und entfernen Sie jeglichen »Schimmel« an den Kontakten. Nehmen Sie die Batterieklemmen von den Kontakten ab, waschen Sie die Kontakte mit Sodaasche und Wasser ab, bevor Sie sie mit einer Drahtbürste oder Sandpapier aufrauen.
- Bevor Sie die Batterieklemmen aufsetzen, sollten Sie die Kontakte mit einem dünnen Film Vaseline einschmieren – und am Ende eine dicke Schicht über beide Teile legen, um Feuchtigkeit abzuhalten.

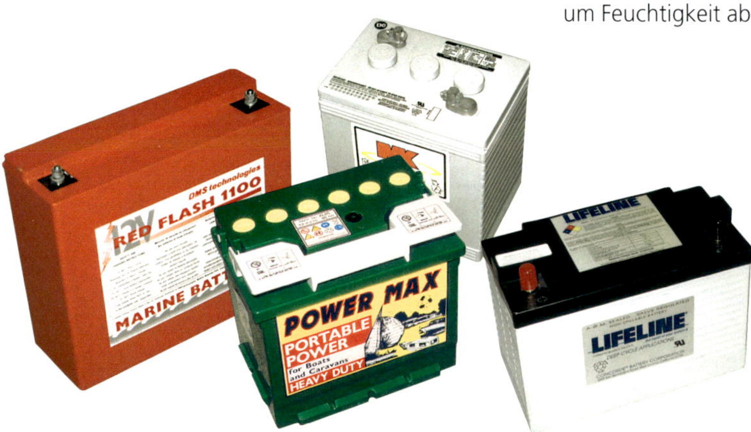

12.15 Motoranoden austauschen

Alle mit Seewasser gekühlten Motoren haben im Motorblock eine oder mehrere Opferanoden. Manche indirekt gekühlte Motoren haben zusätzlich Anoden in den einzelnen Wärmetauschern.

Die Aufgabe der Anode ist, Korrosion durch Elektrolyse zu verhindern, die entsteht, wenn Metall mit Wasser zusammenkommt – in diesem Fall mit Seewasser. Das Zink »magert« immer mehr ab und die wichtigen Komponenten überleben. Unglücklicherweise geschieht das Dahinsiechen nicht an der Öffentlichkeit und ohne deutliche Anzeichen.

Im Handbuch kann man nachlesen, wie viele es gibt und wie häufig sie gewechselt werden müssen – in der Regel einmal im Jahr. Dort steht auch, wo sie liegen, denn an sich sind sie nur schwer zu finden.

- Eine Anode auszutauschen ist eine simple Angelegenheit: die alte abschrauben und die neue anschrauben.

12.16 Luftfilter reinigen

Es ist ganz einfach, die Luftfilter zu vergessen. Die relativ staubfreie Umgebung, in der wir die Motoren bewegen, macht uns nachlässig. Die allmähliche Zunahme der Partikel ist ein schleichender Prozess, der auf heimtückische Weise die Luft drosselt und dem Motor die Kraft raubt.

Die Wartung ist abhängig vom Filtertyp. Dazu gehören:

- **Papierfilter** Dieser kann, wenn er verschmutzt ist, nicht in den Urzustand zurückversetzt werden. Den alten einfach wegwerfen, wenn er sich langsam zusetzt, und durch einen neuen ersetzen.
- **Nassluftfilter** Beim Nassluftfilter durchströmt die angesaugte Luft eine mit Öl benetzte Füllung aus Kunststoff- oder Stahlgewebe. Dabei lagern sich die Staubteilchen an der ölbenetzten Oberfläche der Filterfüllung ab.

Bei den Nassluftfiltern handelt es sich um Lebensdauerbauteile, die nicht ersetzt werden müssen. Bei deutlichem Staubniederschlag auf dem Filter muss dieser in Dieselkraftstoff ausgewaschen werden. Nach dem Auswaschen den Filter gut ausschleudern. Nach der Reinigung muss die Filterfüllung wieder gleichmäßig dünn mit Motoröl benetzt werden (nach Tauchen in einem Ölbad das überschüssige Öl ausschleudern).

- **Flüssigkeitsfilter (Ölbad-Luftfilter)** Diese Filter werden immer seltener. Sie verwenden zum Filtern Flüssigkeiten, durch die die Luft hindurchgeführt wird. Die schweren luftgetragenen Partikel behalten aufgrund ihrer Trägheit ihre Richtung zum Ölbad bei und werden durch die Flüssigkeit gebunden. Die Reinigung erfolgt, indem das im Ölbad befindliche Stahlsieb mit Waschbenzin oder Kaltreiniger ausgewaschen wird. Zusätzlich muss das Öl nach einem bestimmten Intervall gewechselt werden, da sich die Schmutzpartikel, die das Stahlsieb zurückgehalten hat, mit dem Öl vermengt haben. Ein Nachteil dieser sehr robusten Filterkonstruktion ist der durch die Ablenkung des Luftstroms entstehende hohe Strömungswiderstand und die damit verbundene Leistungseinbuße.

Ein typisches Filterelement

13 Notsituationen

Dieselmotoren arbeiten in der Regel zuverlässig. Dennoch geben sie gelegentlich Anlass zu Wutanfällen. In den Kapiteln zuvor haben wir Präventivmaßnahmen besprochen und Tipps gegeben, wie man sein Ziel erreicht und Dinge wartet oder austauscht. Aber trotzdem kann man urplötzlich von Fehlern überrascht und zum Opfer werden. Im besten Fall ist das Ganze nur unangenehm und kostet ein bisschen Mühe; es kann aber auch richtig gefährlich werden. In solchen Fällen ist es gut zu wissen, was zu tun ist.

13.1 Thermostatausfall und Motorüberhitzung

Springt der Motorüberhitzungsalarm an, kommt aber trotzdem ausreichend Kühlwasser aus dem Auspuff, muss der Motor sofort gestoppt werden. Kontrollieren Sie zunächst, ob der Keilriemen zu lose oder sogar gebrochen ist. Kann man dieses Problem ausschließen, ist der nächste mögliche Übeltäter der Thermostat, der vermutlich in der geschlossenen Position klemmt.

- Unternehmen Sie nichts, solange der Motor heiß ist. Bedenken Sie, dass das Kühlwasser kocht und unter Druck steht. Drehen Sie nicht die Nachfüllkappe ab, wenn Sie nicht absolut sicher sind, dass man es gefahrlos tun kann.
- Entfernen Sie den Deckel des Thermostatgehäuses und ziehen Sie den Thermostaten heraus. Bei einigen Motoren kann man den Wasserdurchfluss einfach dadurch in Gang setzen, dass man den Thermostaten entfernt und den blanken Deckel aufsetzt. Besser ist es jedoch, die beweglichen Teile des Thermostaten zu entfernen und das leere Gehäuse einzusetzen.
- Dann alles wieder normal zusammenbauen und die Kühlflüssigkeit auffüllen. Der Thermostat wird überhaupt nicht richtig funktionieren und die Kühlwassermenge wird vermutlich etwas geringer sein als im Normalfall. Zudem wird der Motor unterhalb der Betriebstemperatur laufen. Die Lösung

Nehmen Sie den Deckel ab und entfernen Sie die Innereien des Thermostaten.

Anschließend setzen Sie das leere Gehäuse ein, das den Wasserdurchfluss lediglich ein wenig vermindert.

ist nicht ideal, aber hilft, den Motor zu starten und die Fahrt fortzusetzen.

13.2 Überbrückung des Anlasserschalters oder des Magnetschalters

Startschlösser mit Zündschlüssel sind notorisch launisch. Dreht man den Zündschlüssel und nichts passiert – kein Klick am Anlasser oder Magnetschalter –, muss man zunächst überprüfen, ob der Absteller eingeschaltet oder die Starterbatterie leer ist. Dann überbrückt man den Schalter am Anlasser – wie in der rechten Abbildung/linker Teil zu sehen. Führt das nicht zum Erfolg, ist vermutlich der Magnetschalter defekt. Dann besteht noch folgende Möglichkeit:

- Es gibt zwei dicke Kontakte am Magnetschalter, über die der Anlasser direkt mit Strom versorgt wird. Der Gedanke ist, diese beiden Kontakte mit einem isolierten Schraubendreher zu überbrücken – wie in der Abb. rechts zu sehen. Da dabei viel Strom fließen wird, muss man mit einigen Funken rechnen. Achten Sie darauf, dass dabei der Schraubendreher nicht mit anderen Metallteilen in der Nähe in Berührung kommt und einen Kurzschluss auslöst.
- Ist der Anlasser ein Schubtriebstarter mit Schwungrad, braucht man nur Folgendes zu machen: Da dieser Anlasser zwei Funktionen erfüllt – zum einen drückt er das Ritzel in das Schwungrad und zum anderen verbindet er die Hauptkontakte –, ist er dafür verantwortlich, dass der Anlasser Strom bekommt. Wenn das Letztere das Problem ist, kann man es selbst dadurch beheben, dass ein Helfer permanent auf den Anlasserknopf drückt bzw. den Zündschlüssel auf der ON-Position hält und man selbst die Kontakte überbrückt.

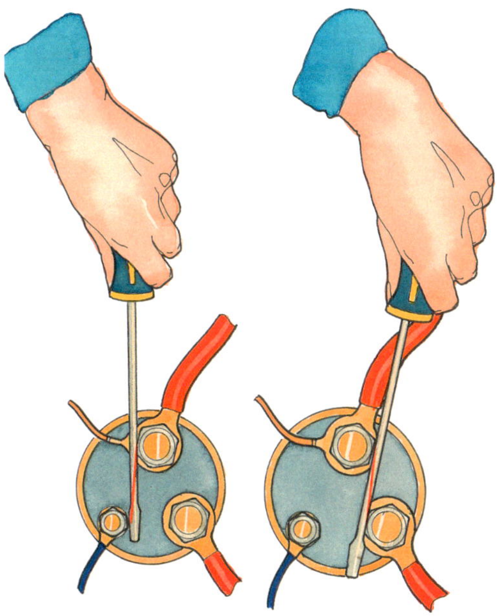

13.3 Motor lässt sich nicht abstellen

Die meisten von uns werden nie mit diesem Problem konfrontiert – aber wenn doch, kann sich das als eine höchst unwillkommene Angelegenheit darstellen. Gemeint ist hier, dass der Motor weiterläuft, obgleich die Kraftstoffzufuhr abgestellt ist. Zu den Ursachen könnte man zählen, dass der interne Gashebelmechanismus einen Fehler hat oder Schmieröl aufgrund zu hohen Ölstandes in der Kurbelwanne oder wegen schadhafter Kolbenringe oder wegen ebenfalls schadhafter Dichtungsringe in die Zylinder gekommen ist. Der Motor widersetzt sich nicht nur zu stoppen, die Umdrehungen geraten sogar außer Kontrolle – bis zu einem Punkt, wo alles auseinanderzufliegen droht. Sie werden wünschen, weit genug weg zu sein, wenn das passiert.

- Als Erstes schalten Sie den Kraftstoff ab. Das wird den Motor nicht stoppen, aber zumindest das Problem isolieren. Setzen Sie die Maschine, wenn es möglich ist, unter Last – selbst wenn sie wild an den Muringleinen zerren sollte. So bleibt zumindest die Sache so lange unter Kontrolle, bis der ungewöhnlichen Kraftstoffversorgung des Motors »die Luft ausgeht«.
- Da Dieselmotoren nur Luft und Dieselkraftstoff brauchen, um zu laufen, und solch ein unkontrollierter Weiterlauf nur funktionieren kann, wenn er sich irgendwie selbst mit Kraftstoff versorgt, ist die einzige Möglichkeit, ihm die Luftzufuhr abzuklemmen. Am besten greift man zu einem dicken Buch, das man vor den Luftansaugstutzen hält, oder ein schweres Kissen oder eine nicht brennbare Rettungsweste. Achten Sie auf Ihre Finger, denn der Saugeffekt ist enorm!
- Ein Feuerlöscher, mit dem man CO_2 in den Ansaugstutzen bläst, hat die gleiche Wirkung.
- Wenn alles schief geht, sollte man von Bord gehen oder – sofern auf See – sich weit genug vom Motor entfernt aufhalten.

13.4 Motorbrand

Feuer an Bord ist absolut fürchterlich – und eventuell sogar tödlich, wenn man auf See ist. Zum Glück sind Dieselmotoren mit ihrer einfachen Elektrik und dem schwer entflammbaren Kraftstoff in dieser Hinsicht relativ sicher. Das bedeutet jedoch nicht, dass sie dagegen völlig immun sind.

Viele Motorräume sind mit automatischen Feuerlöschern ausgestattet, die – je nach Typ –

Eine Öffnung für den Feuerlöscher in der Motorklappe ist eine gute Alternative zum automatischen Feuerlöscher.

erlöschern ausgestattet, die – je nach Typ – einsetzen, wenn die Raumtemperatur 68 °C oder 79 °C überschreitet. Einige dieser Systeme können auch über eine Fernsteuerung mit der Hand ausgelöst werden. Andere Motorräume haben eine kleine runde Klappe, durch die man den Schlauch des Feuerlöschers stecken kann. Im Idealfall hat man beide Möglichkeiten.

- Stoppen Sie den Motor, wenn er läuft. Schalten Sie die Kraftstoffzufuhr und die Elektrik ab.
- Nicht die Motorraumklappe öffnen! Ein schwelendes Feuer wird dann durch den Sauerstoff zum Inferno. Klemmt man dagegen die Luftzufuhr ab, wird es nachlassen und langsam erlöschen.
- Versuchen Sie, den Inhalt des Feuerlöschers komplett in den Motorraum zu entleeren. Wenn's geht sogar den Inhalt eines zweiten. Die Menge des Löschmittels ist entscheidend: Ein 2-kg-Feuerlöscher ist doppelt so effektiv wie ein 1-kg-Löscher. Ist solch ein spezielles Loch zum Löschen nicht vorhanden, gibt es vielleicht ein Lüfterrohr oder ein anderes Loch, das sich eignet.
- Während ein Teil der Crew das Feuer bekämpft, sollte der andere die mögliche Evakuierung des Schiffes vorbereiten. Feuer verbreitet sich schnell, wenn es außer Kontrolle gerät – und es sind nicht nur die Flammen, die Verwirrung stiften. Beim Verbrennen älterer Schaumstoffkissen entsteht Cyanwasserstoff (Blausäure). Ein einziger Lungenzug kann tödlich sein.

13.5 Kohlenmonoxid

Alle Koch- und Heizgeräte können Kohlenmonoxid erzeugen, wenn sie nicht richtig belüftet werden. Abgase von Maschinen können sich auch in geschlossenen Räumen und sogar in offenen Cockpits ansammeln, wenn das Fahrzeug steht oder nur mit geringer Geschwindigkeit fährt. Kohlenmonoxid ist farb- und geruchlos, eine Vergiftung damit kann tödlich sein. Die ersten Anzeichen dafür sind Kopfschmerzen, Müdigkeit, Übelkeit und Schwindelgefühl. Es wird empfohlen, einen Kohlenmonoxid-Detektor anzubringen und ihn regelmäßig zu testen. Um eine ausreichende Belüftung der gesamten Kajüte zu gewährleisten, sollten Sie darauf achten, dass die vorhandenen Ventilatoren nicht blockiert werden.

Sachregister

EXPERTENTIPPS ...

Neu an Bord?
Die richtigen Handgriffe für Segler und Motorbootfahrer
ISBN 978-3-667-10172-3

Jens Feddern
Theorie und Praxis der Bordelektrik
ISBN 978-3-667-12384-8

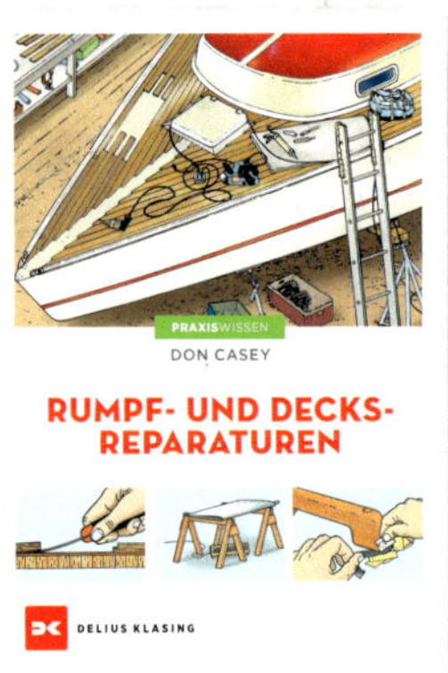

Don Casey
Rumpf- und Decksreparaturen
ISBN 978-3-667-10396-3

Michael Sachweh
Wetterkunde für Wassersportler
ISBN 978-3-667-11589-8